农民培训精品系列教材

南疆地区设施蔬菜实用技术

阿不都艾尼　于海霞　张晓晖◎主编

中国农业科学技术出版社

图书在版编目(CIP)数据

南疆地区设施蔬菜实用技术 / 阿不都艾尼，于海霞，张晓晖主编. --北京：中国农业科学技术出版社，2024. 4

ISBN 978-7-5116-6769-4

Ⅰ. ①南…　Ⅱ. ①阿…②于…③张…　Ⅲ. ①蔬菜园艺-设施农业-南疆　Ⅳ. ①S626

中国国家版本馆 CIP 数据核字(2024)第 075245 号

责任编辑　张　羽　张国锋
责任校对　王　彦
责任印制　姜义伟　王思文

出 版 者　中国农业科学技术出版社
北京市中关村南大街 12 号　　邮编：100081
电　　话　(010) 82109705 (编辑室)　(010) 82106624 (发行部)
(010) 82109709 (读者服务部)
网　　址　https://castp.caas.cn
经 销 者　各地新华书店
印 刷 者　北京富泰印刷有限责任公司
开　　本　145 mm×210 mm　1/32
印　　张　4
字　　数　71 千字
版　　次　2024 年 4 月第 1 版　2024 年 4 月第 1 次印刷
定　　价　32.00 元

《南疆地区设施蔬菜实用技术》

编写人员

主　编　阿不都艾尼　于海霞　张晓晖

副主编　毕海燕　谢奋慧　王　燕　吕　奇

阿依努尔·毛拉麦提　　帕提古力·麦麦提

张记锋　张　涛　　阿布都沙塔尔·热西提

吴多瑛　阿不力米提·阿不都克热木

阿迪力·达吾提　　阿依古丽·吾斯曼

吐送江·麦提库尔班　　杨宏顺　胡小波

胡　奕　杨世平　　祖丽胡玛尔·麦提图尔荪

王　雨　朱文文　　阿布都赛买提·吐尔送

金宏辉　吴多瑛　苏勇宏

编　委　古丽拜克热木·麦麦提　刘　鹏　赵玉红

前　　言

当今蔬菜产业的发展，既体现了社会的进步，也与经济发展水平密切相关。随着人们生活水平的提高，膳食结构发生重大变化，越来越多的人开始关注健康饮食和绿色健康生活，因此蔬菜的需求量也随之增加。

南疆地区独特的气候、地理条件限制了蔬菜的自然生长。随着南疆地区大力发展设施蔬菜产业，干旱的塔里木盆地已经逐渐告别新鲜蔬菜需要大量外调的局面。同时，设施蔬菜产业发展，有利于南疆地区节省有限的耕地和水资源，对当地蔬菜产业发展具有重要意义。

发展设施蔬菜产业还可以为南疆地区带来显著的经济效益。一是蔬菜产业的发展可以创造就业机会，提高劳动就业率。二是发展蔬菜产业可以满足消费者对于蔬菜多样化的市场需求，带动蔬菜生产和农村经济发展。三是蔬菜产业的发展也可以带动相关产业的发展。例如，蔬菜的加工、包装、销售等行业也可以随之发展，带动社会经济发展。本书重点介绍了南疆地区常见蔬菜高产的栽培技术、主要病虫害防治技术及拱棚蔬菜栽培技术，是一本实用性较强的技术手册。

编　者

2024 年 3 月

目　录

第一章　南疆地区设施农业技术概述

第一节　主要设施农业类型及技术

一、温室大棚

温室大棚是一种常见的设施农业类型，主要利用太阳能和热能，为农作物提供适宜的生长环境。温室大棚可以根据不同农作物的需求进行定制，实现高效种植。

二、节水灌溉

节水灌溉技术是南疆地区设施农业的重要环节，包括滴灌、喷灌等多种形式。这些技术可以有效地控制灌溉水量，提高水资源利用率，同时促进农作物的生长。

三、智能农业

智能农业是一种利用物联网、大数据等技术手段进行精细化管理的设施农业类型。通过智能农业系统，可以实时监测农作物的生长状况，为决策提供科学依据。

第二节　设施农业技术要点

一、品种选择

选择适合当地环境、抗病性强、产量高、品质优良的品种是设施农业成功的关键。

二、培育壮苗

通过精细化育苗技术，如营养土培育、穴盘育苗等，为农作物打下良好的生长基础。

三、土壤处理

设施农业要求土壤质地优良、无病虫害残留。在种植前，应对土壤进行消毒、施肥等处理。

四、栽培管理

合理安排作物种植密度，科学施肥、浇水，及时防治病虫害，以提高农作物产量和品质。

五、环境调控

根据不同农作物的生长需求，对温室大棚内的温度、湿度、光照等环境因素进行精准调控。

六、技术支持

积极与科研机构、专业院校合作，引进先进的设施农业技术和理念，提高农业生产水平。

七、市场销售

建立完善的市场销售渠道，通过线上线下等多种方式销售农产品，提高农民收入和市场竞争力。

第三节　设施农业发展建议

一、加强政策支持

政府应加大对设施农业的扶持力度，出台相关政策，鼓励农民参与设施农业建设，提高农业生产效益。

二、培训与人才培养

组织农民参加设施农业技术培训，提高他们的技术水平和专业素养。同时，加强人才培养和引进，吸引更多的专业人才参与南疆地区的设施农业发展。

三、技术创新与推广

鼓励科研机构和企业加强设施农业技术创新和研发，推动先进技术的普及和应用。加强与国内外先进地区的交流与合作，引进适合南疆地区的设施农业技术和理念。

四、优化产业结构

结合当地资源优势和市场需求，优化产业结构，发展特色农产品和深加工产业。通过产业链的延伸和拓展，提高农产品的附加值和市场竞争力。

五、加强基础设施建设

加强农村道路、水利、电力等基础设施建设，为设施农业的发展提供良好的基础条件。同时，加强农业环境保护和生态建设，实现农业可持续发展。

六、建立现代农业服务体系

建立健全现代农业服务体系，为农民提供产前、产中、产后的全方位服务。包括技术指导、农资供应、市场信息发布等。通过服务体系的建立和完善，提高农业生产效益和市场竞争力。

除了上述提到的设施农业类型、技术要点和发展建议，南疆地区发展设施农业还应关注以下信息。

1. 新能源利用

南疆地区光照充足，太阳能资源丰富，这为设施农业提供了良好的新能源利用条件。一些先进的温室大棚开始利用太阳能发电，为温室环境调控和农业生产提供能源。

2. 智能化管理

随着物联网、大数据等技术的发展，南疆地区的设施农业也开始逐步实现智能化管理。通过智能化系统，可以实时监测农作物的生长状况、环境参数等，为决策提供科学依据。同时，智能化管理还可以提高生产效率、降低生产成本。

3. 生态农业

南疆地区的设施农业注重生态环保和可持续发展。一些先进的温室大棚采用生态循环系统，将植物残渣、动物粪便等有机废弃物转化为肥料和能源，实现资源的循环利用。

4. 精准农业

南疆地区的设施农业注重精准管理。通过精准的土壤检测、病虫害诊断等技术手段，实现精准施肥、浇水、用药等管理措施。这可以提高农作物的产量和品质，同时降低对环境的影响。

5. 特色农业

南疆地区具有丰富的特色农产品资源，如新疆烤馕、棉花、瓜果等。设施农业的发展为这些特色农产品提供了更好的生长条件和品质保障。一些企业还利用设施农业技术，开展特色农产品的种植、加工和销售，带动了当地经济的发展。

目前，南疆地区的设施农业在政策支持、技术创新、基础设施建设等方面取得了显著进展。未来，随着技术的不断进步和市场需求的不断增长，南疆地区的设施农业还将继续发挥重要作用，为当地农业发展和农民增收作出贡献。

第四节　设施农业中新能源利用的优势

南疆地区设施农业中的新能源利用主要是指利用太阳能资源为设施农业提供能源。太阳能是一种清洁、可再生的能源，对于南疆地区这样光照充足的地区来说，利用太阳能为设施农业提供能源是非常适宜的。

在南疆地区的设施农业中，太阳能主要被用于温室大棚的环境调控和农业生产。温室大棚是设施农业中的一种常见类型，通过利用太阳能保持棚内的温度和湿度，为农作物提供适宜的生长环境。同时，太阳能还可以用于灌溉系统、照明系统等设施农业的各个方面。

在太阳能利用方面，南疆地区的设施农业主要采用了太阳能发电技术。太阳能发电是指利用太阳能电池板将太阳能转化为电能的过程。在温室大棚中，太阳能电池板可以安装在棚顶或棚外，通过吸收太阳能并将其转化为电能，为棚内的环境调控和农业生产提供电力。

除了太阳能发电，太阳能还可以被用于温室大棚的环境调控。例如，利用太阳能加热系统为棚内加温，保持适宜的温度；利用太阳能干燥系统为棚内干燥农作物，提高农作物的品质和产量。

新能源利用优势包括以下几点。

一、环保性

新能源利用，特别是太阳能利用，是一种清洁、可再生的能源，可以减少对环境的影响。在南疆地区的设施农业中，利用太阳能为温室大棚提供能源和环境调控支持，可以减少对传统能源的依赖，降低温室气体的排放。

二、经济性

太阳能等新能源在南疆地区的利用成本逐渐降低，同时可以减少对传统能源的依赖，降低能源进口的支出。利用新能源为设施农业提供能源和环境调控支持，可以降低生产成本，提高农作物的产量和品质，增加农民的收益。

三、可持续性

太阳能等新能源是可持续的能源，既不会枯竭，也不会对环境造成负担。在南疆地区的设施农业中，利用太阳能等新能源为温室大棚等设施提供能源和环境调控支持，可以促进农业的可持续发展，增加农民的收益。

四、技术进步

随着新能源技术的不断进步，太阳能等新能源在南疆地区的设施农业中的应用越来越广泛。太阳能电池板、太阳能加热系统、太阳能干燥系统等技术手段不断完善，提高了新能源的利用效率，为设施农业提供了更好的支持。

南疆地区设施农业中新能源利用具有环保性、经济性、可持续性和技术进步等优势，对于促进设施农业的发展和降低对环境的影响具有重要意义。

第二章　南疆地区番茄高产栽培技术

第一节　番茄特点介绍

番茄是一种在南疆地区广泛种植的蔬菜，属于茄果类蔬菜，是茄科植物中以浆果作为食用部位的蔬菜。这类蔬菜含有丰富的维生素、碳水化合物、矿物质盐、有机酸及少量的蛋白质，营养丰富，深受广大消费者的青睐。

番茄是世界栽培历史悠久、栽培地区广泛的果菜种类之一，新疆各地均普遍栽培。番茄的营养丰富，可供熟食、生食（图 2-1）或加工（图 2-2），是世界主要蔬菜之一。

图 2-1　番茄、番茄汁

图 2-2　番茄的加工

一、品种选择

南疆地区种植的番茄品种很多，包括早熟品种，如‘早春’‘早魁’；中熟品种，如‘中粉17号’‘强丰’；晚熟品种如‘佳粉15号’‘毛粉802’等。不同品种的果实形状、颜色、口感、产量等都有所不同，需要根据市场需求和当地气候条件进行选择。

二、生长特点

南疆地区番茄生长速度快，定植后一般30~40天开始开花，40~50天结果，比其他地区早熟7~10天。同时，南疆地区番茄的果实硬度好、耐贮运、货架期长，适合长途运输和销售。

三、栽培技术

南疆地区番茄的栽培技术包括播种育苗、定植、肥水管理、整枝打顶、病虫害防治等技术环节。在南疆地区，农民们通常采用有机肥料和生物防治措施，以保持番茄的绿色环保。

四、食用价值

南疆地区番茄是一种营养丰富的蔬菜，含有大量的维生素C、维生素A、钾等营养物质，具有很好的保健作用。同时，南疆番茄在烹饪方式上也具有多样性，可以用于炒、炖、煮等多种烹饪。

五、经济价值

南疆地区番茄作为一种特色农产品，具有较高的经济价值。在市场上，南疆地区番茄的价格通常比其他地区的番茄高出几倍甚至十几倍。因此，南疆地区种植番茄可以为当地农民带来可观的经济效益。

六、文化价值

南疆地区番茄在当地也具有丰富的文化内涵。在南疆地区，许多农民家庭将番茄做成酱菜、干菜等食品，作为待客佳品。此外，番茄还被赋予了寓意和象征意义，如“鸿运当头”“喜气洋洋”等，寓意着吉祥如意；“果实累累”象征着丰收和富裕。

南疆地区的气候条件适合于番茄的栽培，已成为我国番茄的主产区，生产的番茄酱主要供出口（图2-3）。

总之，番茄作为一种具有独特品质的特色农产品，在品种选择、生长特点、栽培技术、食用价值、经济价值和文化价值等方面都具有丰富的内涵和意义。

(a)

(b)

图 2-3 南疆地区供出口的番茄酱

第二节 番茄栽培技术要点

一、选地整地

选择采光良好的位置，排水也要方便，土地要肥沃疏松。种植前施加充足的基肥，每亩[1]可施加腐熟的牛粪 1 000 千克、过磷酸钙 50~100 千克，将其混匀后均匀撒在畦面，然后翻耕地块，让肥料均匀地混合在土壤中。

① 1 亩约为 667 平方米，全书同。

二、选种播种

选择早熟品种，将种子浸泡在55℃温水中10分钟，并不断搅拌，使其受热均匀；或用1%的高锰酸钾溶液浸泡种子15分钟，取出漂洗并晾干。将稍干的种子播种在准备好的苗床上，白天温度控制在28~30℃，夜间温度控制在18~20℃，出苗时白天温度控制在22~35℃，夜间温度控制在13~14℃。到出现2叶1心时移入营养碗，控温。给幼苗慢慢浇水，严格控制水量，见干浇水。通过控制浇水量可以达到培育壮苗的目的。

三、后期管理

用封闭的大棚进行保温。温度不超过35℃时，不要让温室中的空气排出，以促进幼苗缓慢生长。延迟出苗后，白天温度应保持在22~25℃，夜间温度保持在12~13℃。当外界温度超过15℃时，昼夜保持空气新鲜。如果浇水要轻浇。果实膨大后不能缺水，尿素要用水追肥。要及时修剪枝条，选择单茎修剪，果实达到5~6穗时摘心。当这种作物开花时，需要施用浓度稍高的2,4-D植物生长调节剂。为了早点上市，可以用乙烯利催熟（图2-4）。

（a）

（b）

图 2-4　乙烯利催熟后的番茄

第三节　番茄栽培管理

南疆地区番茄的栽培管理包括以下几个方面。

一、水肥管理

在果实膨大期，需要保持土壤湿润，避免过度浇水或过于干旱。可以结合浇水进行追肥，以提供足够的养分给果实生长。

二、温度管理

在果实生长期间，需要保持适宜的温度，白天温度应保持在 25 ~ 30℃，夜间温度应保持在 15~20℃。

三、植株调整

及时修剪枝条，保持植株通风透光，避免枝叶过于茂密影响果实生长。同时也要注意防止植株早衰，及时进行修剪和抹芽。

四、病虫害防治

在后期管理中，需要注意防治病虫害，如早疫病、晚疫病、病毒病等。可以使用生物防治和化学防治相结合的方法。

五、采收管理

在果实成熟后，需要进行及时的采收，避免果实过熟影响品质和口感。同时也要注意采收时的温度和湿度，避免对果实造成伤害。

总之，南疆地区番茄栽培技术的后期管理需要注重水肥管理、温度管理、植株调整、病虫害防治和采收管理等方面，以保证果实的品质和产量。

第四节　番茄栽培温度管理

在南疆地区番茄栽培技术中，温度管理是一个重要的环节。主要做好以下工作。

一、夜间保温

在夜间，要保持温室的密闭性，避免冷空气侵入，影响番茄的生长和发育。夜间保温可以使用保温被或保温膜等覆盖物。

二、避免温度波动

温度波动会影响番茄的生长和发育，因此要尽量避免温室内温度的波动。在温室内使用加温设备时，注意不要突然升温或降温，要保持温度的稳定。控制好昼夜温差。番茄生长需要一定的昼夜温差，一般白天控制在 25～30℃，夜间控制在 15～20℃ 为宜。避免温度过高或过低。温度过高会影响番茄的正常生长，甚至导致落花落果；温度过低则会影响果实的发育和品质。因此，尽量避免温度过高或过低的情况出现。

三、考虑天气情况

在寒冷的天气中，要注意加强温室的保温措施，避免番茄受到冻害。同时也要注意天气的变化，及时调整管理措施，保持适宜的温度环境。

四、防止高温危害

在高温季节，要防止番茄受到高温危害，如日灼病等。在夏季高温季节，可以采用遮阳网等措施来降低室内温度，同时也可以在温室内采取喷水降温。

五、保持湿度适宜

在保持温度适宜的同时，也要注意保持湿度适宜。过于干燥或过于潮湿的环境都会影响番茄的生长和发育。可以使用加湿器或除湿机等设备来调节湿度。

1. 适时通风换气

通风换气是调节湿度的有效方法，可以在早晨或傍晚适当打开通风口，让新鲜空气进入温室，降低室内温度和湿度。

2. 加温保暖

在冬季或早春季节，温室内的温度可能会较低，可以采用加温设备，如电热线、热风炉等进行加温保暖。定期检查温度。要定期检查温室内的温度，及时调整管理措施，保持适宜的温度环境。

总之，南疆地区番茄栽培技术中的温度管理需要根据不同季节和天气情况灵活调整管理措施，保持适宜的温度环境，促进番茄的正常生长和发育。

第三章　南疆地区茄子高产栽培技术

第一节　茄子特点介绍

一、起源和分布

茄子起源于南亚地区，随着丝绸之路传入中国。在南疆地区，由于气候条件适宜，茄子得到了广泛的种植和分布。

二、品种分类

南疆种植的茄子根据果实形状、颜色、大小等因素可以分为多种类型，如圆茄子、长茄子、紫茄子、绿茄子等。其中，圆茄子中的‘皮墨圆茄’和‘墨星圆茄’是南疆地区的代表性品种。

三、栽培技术

南疆地区茄子在栽培过程中需要注意整地作

畦、播种育苗、定植、肥水管理、整枝摘叶、病虫害防治等技术环节。在南疆地区，农民通常采用有机肥料和生物防治措施，以保持茄子的绿色环保特性。

四、食用价值

茄子是一种营养丰富的蔬菜，含有维生素 C、维生素 E、钾、钙等营养物质，具有很好的保健作用。同时，茄子在烹饪方式上也具有多样性，可以用于炒、烧、炖等多种烹饪方式。

五、经济价值

茄子作为一种特色农产品，具有较高的经济价值。在市场上，南疆地区茄子通常比普通茄子价格高出几倍，甚至十几倍。因此，种植茄子可以为当地农民带来可观的经济效益。

六、文化价值

茄子在南疆地区具有丰富的文化内涵。在南疆地区，许多农民家庭将茄子做成酱菜、干菜等食品，作为待客佳品。此外，茄子还被赋予了寓意和象征意义，如‘大龙茄子’寓意着吉祥如意，“肉质细腻”象征着家庭和睦等。

总之，茄子作为一种具有独特品质的特色农产品，在起源和分布、品种分类、栽培技术、食用价值、经济价值和文化价值等方面都具有丰富的内涵和意义。

第二节 茄子栽培技术要点

南疆地区的气候特点适合茄子的生长，因此南疆地区茄子栽培技术也具有一定的特殊性。以下是南疆地区茄子的栽培技术要点。

一、品种选择

选择适应南疆地区气候特点的品种，如耐热、抗病、高产、品质优良的品种。

二、播种育苗

在南疆地区，茄子一般在3月中下旬至4月上旬播种，苗期需要保持适宜的温度和湿度，促进幼苗的生长。

三、整地作畦

选择肥沃、排水良好的土壤进行种植，深翻整地，施足基肥，然后作畦进行栽培。

四、定植

当幼苗长到一定程度时，可以进行定植。定植的行距为70厘米，株距为50厘米。

五、肥水管理

在定植后及时浇灌定植水，促进缓苗。随后可以进行中耕除草，疏松土壤，促进根系生长。在缓苗后，可以追施尿素或复合肥，促进植株生长和开花结果。在第一穗果开始膨大时，可以追施硫酸钾或复合肥，促进果实生长。在果实采收期间，每采收一次果可以追一次肥，以保持植株健壮生长和高产量。同时要保持土壤湿润，但也要避免过度浇水导致根部腐烂。

六、整枝摘叶

随着植株的生长，需要进行整枝和摘叶。将主干上侧枝剪除，以促进植株的通风透光和减少养分的消耗。同时也要摘除老叶、黄叶和病叶，以防止病原菌的传播和减少养分的消耗。

七、病虫害防治

南疆地区茄子常见的病虫害有绵疫病、褐纹病、茶黄螨等。可以使用相应的农药进行防治，如代森锌可湿性粉剂、克螨特乳油等。在使用农药时要注意使用方法和浓度，避免对植株造成伤害和污染环境。

八、采收

当茄子果实达到商品成熟时，可以进行采收。采收时要轻摘轻放，避免果实受伤和植株受损。同时也要注意采收时间和方法，以保持茄子的品质和产量。

九、土壤选择

选择肥沃、排水良好、中性至微酸性的土壤进行茄子种植，有利于茄子的生长和发育。

十、土壤改良

如果土壤质量较差，可以进行土壤改良，如添加有机肥料、种植绿肥植物等，以改善土壤的理化性质和肥力状况。

十一、温度管理

在适宜的温度范围内，保持较高的温度可以促进茄子的生长和发育。然而，温度过高或过低都会对茄子的生长产生不利影响，因此需要对温度进行合理的调控和管理。

十二、光照管理

茄子是喜光作物，需要充足的光照条件。在光照不足的情况下，可以通过延长光照时间、增加光照强度等措施来改善光照条件，促进茄子的生长和发育。

十三、水分管理

在南疆地区，由于气候干燥，水分管理显得尤为重要。需要合理控制水分供应，保持土壤湿润，避免过度浇水导致根部腐烂。同时也要注意在果实生长期间保持充足的水分供应，以促进果实的发育和品质的提高。

十四、施肥管理

茄子是喜肥作物，需要充足的营养供应。在施肥管理上，需要合理配比氮、磷、钾等营养元素，并定期进行追肥和叶面喷肥，以满足茄子生长和发育的需求。

总之，南疆地区茄子栽培技术需要结合南疆地区的气候特点进行合理的种植和管理措施，从品种选择、播种育苗、整地作畦、定植、肥水管理、整枝摘叶、病虫害防治、采收等方面都要注意细节，此外还要注意土壤选择、改良方法及温度、光照、水分、施肥管理措施，以保证茄子的产量和品质。

第三节 茄子肥水管理注意事项

南疆地区茄子在肥水管理方面需要注意以下几个要点。通过合理的管理措施，可以促进茄子的生长和发育，提高产量和品质。

一、重施基肥

在定植前需要施足底肥，可以使用充分腐熟的农家肥和复合肥，为茄子的生长提供充足的养分。

二、轻施苗肥

在茄子幼苗期，可以适量追施氮肥，促进幼苗的生长，但要注意不要过度施肥，以免造成幼苗徒长。

三、稳施花肥

当茄子开始开花时，需要适量追施磷肥和钾肥，促进花的发育和结果，同时也要注意控制氮肥的用量，以免影响花的坐果率。

四、重施果肥

当茄子进入结果期时，需要增加施肥量，以满足果实生长和发育的需要。可以使用复合肥或尿素等肥料进行追肥，但要注意不要过度施肥，以免造成果实开裂或品质下降。

五、根外追肥

在茄子生长后期，根系吸收能力减弱时，可以采用叶面喷施的方式进行根外追肥，补充植株所需的养分。

六、水分适宜

茄子需要保持适宜的土壤湿度，避免出现干旱或过湿的情况。在结果期需要适当增加水分供应，促进果实的发育。但也要注意不要过度浇水，以免造成土壤积水或根部病害。

七、灌溉方式

南疆地区干旱少雨，因此灌溉方式的选择也非常重要。可以采用滴灌、喷灌等节水灌溉方式进行浇水，提高水分利用效率。

第四节　茄子基肥施用方法

一、选择肥料

基肥可以选择优质腐熟的有机肥料，如农家肥、堆肥等，并加入适量的氮、磷、钾等无机肥料，以满足茄子生长和发育的需要。

二、施肥量

基肥的施肥量应该根据土壤肥力和茄子生长的

需要来确定。一般来说，每亩施用腐熟的有机肥料 4 000~5 000 千克，并加入适量的无机肥料。

三、施肥方法

将有机肥料和无机肥料混合均匀，撒施在土壤表面，然后进行深翻，将肥料翻入土壤中。如果条件允许，可以在施肥后立即灌溉，以促进肥料的吸收和利用。

需要注意的是，茄子是喜肥作物，基肥的施用能够为茄子的生长和发育提供充足的养分。在施用基肥时，应该根据土壤肥力和茄子生长的需要进行合理的配比和施用，避免过度施肥或施肥不足影响茄子的生长和产量。

第五节　茄子生长特点及优势

一、生长特点

南疆地区在种植茄子过程中，需要了解其生长特点并进行科学、合理的管理，以实现高产、优质、高效的栽培目标。其特点主要包括以下几个方面。

1. 适应性强

南疆地区茄子对环境条件的要求相对较低，能够在不同的气候和土壤条件下生长和发育。

2. 生长速度快

南疆地区茄子生长速度较快，在适宜的条件下，幼苗期和生长期都比较短，能够快速地生长和发育。

3. 产量高

在适宜的肥水条件下，南疆地区茄子能够获得较高的产量，并且可以连续开花结果。

4. 品质优良

南疆地区茄子果形整齐、皮色紫黑、肉质细腻、口感好，是人们喜爱的蔬菜之一。

5. 抗逆性强

南疆地区茄子具有一定的抗逆性，能够适应不同的气候条件和土壤环境，具有较强的适应能力。

6. 对肥水要求较高

南疆地区茄子是喜肥作物，对肥水的要求较高。在生长期间需要保持适宜的肥水供应，以促进其生长和发育。

7. 需要进行枝叶修剪

随着植株的生长，枝叶会越来越茂盛，需要进行枝叶修剪，以保持植株通风透光，促进开花结果。

二、品质优势

茄子作为一种地方特色蔬菜，还具有一些独特的特点和优势，也是一种具有发展潜力的特色农产品。

1. 具有地域特色

南疆地区气候干燥、日照充足、昼夜温差大，有利于茄子的生长和糖分积累。因此，南疆地区茄子在口感、甜度、色泽等方面具有地方特色，是当地农民的重要经济来源。

2. 品种独特

南疆地区茄子有很多独特的品种，如‘皮墨圆茄’‘墨星圆茄’等，这些品种具有抗病性强、适应性好、产量高等特点，是南疆地区茄子的代表性品种。

3. 绿色环保

南疆地区环境质量较好，空气清新、水源干净，加上当地农民多采用有机肥料和生物防治措施，使得南疆地区茄子更加绿色环保，符合现代人对健康食品的需求。

4. 营养丰富

南疆地区茄子富含维生素 C、维生素 E、钾、钙等营养物质，特别是紫黑色茄子皮中富含花青素等抗氧化物质，具有很好的保健作用，对人体健康十分有益。

5. 口感好

南疆地区茄子果肉细腻、口感鲜美，特别适合炒、烧、炖等多种烹饪方式，是南疆地区居民喜爱的蔬菜之一。

6. 经济效益高

由于南疆地区茄子的独特品质和良好的市场前景，种植茄子可以带来可观的经济效益。当地农民可以通过种植茄子增加收入，促进经济发展。

第四章　南疆地区辣椒栽培技术

第一节　辣椒高产栽培技术概述

辣椒是一种广泛种植于中国西南地区的蔬菜品种，其生长周期大约为60天。新疆气候独特，南疆地处沙漠边缘，夏季温度很高，特别适合辣椒的生长和晾晒。在新疆，辣椒主要种植于库尔勒、和静、和硕、焉耆等地。

南疆地区辣椒的个头大，产量高，皮厚，颜色深红，微甜，属于色素辣椒。有很多加工厂用它来提炼色素，还有部分餐厅用来提炼红油、做辣椒酱等。随着全国的干辣椒用量增加和对外出口，这几年南疆地区大面积种植板椒，辣椒成了当地农户最主要的经济收入之一，也增加了很多工作岗位。特别是这两年新疆的辣椒得到了内地的认可，每年的辣椒成熟季节，都有大量的内地人前来收购，很多大型辣椒酱厂的老板都前来订购新疆的铁板椒，每天都有大卡车载着新疆的铁板椒发往全国各地，南疆辣椒成了新疆的名片。

铁板椒晾干以后再到成品辣椒酱，直到走上餐桌，中间还需要很多工序，比如去掉辣椒把子，基本上都是用人工完成的，工人需要用剪刀把辣椒把子一个一个地手工剪掉，这个过程很烦琐，需要大量人力物力来完成。等到剪完把以后还需要磨粉、做酱这些环节，最后才能变成成品的食用辣椒。

第二节　辣椒栽培技术要点

一、品种选择

应选择适合当地气候和土壤条件的品种。如铁板椒等。

二、播种育苗

在适宜的时间进行播种育苗，一般是在2月下旬至3月上旬。

三、施肥管理

在生长期间，要保持适宜的肥水供应，以满足其生长所需。

四、温度控制

辣椒生长适宜的温度在20～30℃。温度过低会导致生长缓慢，温度过高会导致营养消耗过大。

五、光照要求

需要充足的阳光照射，至少需要6小时的阳光照射。

六、病虫害防治

要注意防治病毒病、疫病、蚜虫、茶黄螨等病虫危害。

七、适时采收

在果实达到成熟时进行采收，并进行储存和运输。

第三节　辣椒的用途

辣椒除了作为调味品和食品添加剂外，还有其他用途。

首先，辣椒可以用于制作辣椒酱、辣椒油、花椒油和辣椒盐等调味品。这些调味品可以用于烹饪提味，增加菜肴的风味和口感。

其次，辣椒还可以用于制作中药制剂。例如，治疗痛经、胃痛、脾胃虚弱等症状。南疆地区辣椒的辣度虽然不如其他辣椒品种，但其辣度适中，不会过于刺激，因此可以作为香辣型辣椒使用，适合做大盘鸡、辣子鸡等菜肴。

最后，南疆地区辣椒还可以作为佐料和配菜使用，例如，与肉类、海鲜等搭配烹饪，可以增加菜肴的风味和口感。

第五章　南疆地区大白菜栽培技术

第一节　大白菜特点介绍

南疆地区大白菜有着悠久的种植历史。据资料显示，早在 20 世纪 80 年代，南疆地区就已经开始种植大白菜，并且成了当地主要的蔬菜品种之一。随着时间的推移，大白菜逐渐成了该地区的特色农产品，并因其优良的品质而备受推崇。

南疆地区大白菜主要种植地区包括新疆的喀什、和田、阿克苏、巴音郭楞等。这些地区的气候和土壤条件都非常适合大白菜的生长，因此大白菜在这些地区都有广泛的种植。其中，巴音郭楞自治州焉耆回族自治县的大白菜最为著名，因为这里的土壤肥沃，气候适宜，而且有着上百年的种植历史，因此被誉为“南疆大白菜之乡”。

为了更好地推广和保护南疆地区大白菜的品牌，当地政府和企业采取了一系列措施。例如，注册了地理标志证明商标、建立了标准化种植基地、加强了质量监管等。实施这些举措，不仅提高了南疆大白菜的品质和知名度，也带动了当地农业产业的发展和农民的增收。

南疆地区大白菜具有以下特点。

一、外观特点

叶尖深绿色，叶片淡绿色，中脉和叶柄白色，基生叶多数倒卵状，长圆形至宽倒卵形，全株无毛，株高 40~60 厘米，株重 5~7.5 千克。

二、品质特点

南疆地区大白菜具有个大、纤维含量少、口感好、净菜率高、营养丰富的特点。

三、功效

南疆地区大白菜具有润肠排毒、护肤养颜等功效。

四、适用人群

一般人均可食用，特别适合肺热咳嗽、便秘，肾病患者多食，同时女性也应该多吃。

南疆地区大白菜不仅受到当地人的喜爱，也因其独特的口感和营养价值而受到全国人民的喜爱。

第二节 大白菜栽培技术要点

南疆地区大白菜主要种植地区的气候条件是干燥、少雨、日照时间长，昼夜温差大。这种气候条件为大白菜的生长提供了有利的条件，使得南疆地区大白菜的口感更加脆嫩，营养更加丰富。同时，南疆地区的气候干燥，病虫害也较少，因此不需要使用过多的农药，使得南疆地区大白菜更加健康、安全。

南疆地区大白菜的种植除了气候和土壤条件外，还有一些其他影响因素。首先，品种选择是影响南疆地区大白菜品质的重要因素。不同的品种适应不同的气候和土壤条件，因此要根据当地的实际情况选择适合的品种。其次，种植技术也是影响南疆地区大白菜品质的重要因素。科学的种植技术能够提高大白菜的产量和品质，例如合理的密植、肥水管理、病虫害防治等。此外，采收和储存方式也会影响南疆地区大白菜的品质。如果采收不当或者储存时间过长，会导致大白菜的营养成分流失和品质下降。

另外，市场需求和价格也是影响南疆地区大白菜种植的重要因素。如果市场需求大、价格高，就会促进南疆地区大白菜的种植和生产；反之则会抑制其种植和生产。同时，政策法规也会对南疆地区大白菜的种植产生一定的影响，例如农业补贴、土地政策等。

一、大白菜栽培技术环节

1. 选地整地

南疆地区土地干旱，所以在种植前需要充分浇水，让土壤保持湿润。同时，在土地上施肥可以促进大白菜的生长，建议在播种前施用熟肥或复合肥。

选择土质疏松、排水良好的土地，进行深耕翻压，深度不低于30厘米，把残留的上茬作物根茎烂叶、表面杂草翻压于深层，彻底铲除掉病害卵的滋生场所。

2. 选种播种

选择适合当地气候和土壤条件的品种，一般在4—5月或9—10月之间进行播种。播种方式可采用直接播种或先育苗后再移栽。

3. 施肥管理

在生长期间，要保持适宜的肥水供应，以满足其生长所需。建议在播种前施用熟肥或复合肥。

4. 浇水

大白菜根系不发达，不适应生硬板结的土壤，所以要保持土壤的湿润。

5. 病虫害防治

要注意防治病毒病、疫病、蚜虫、茶黄螨等病虫危害。定期喷洒农药可以有效降低病虫害的发生率。

6. 采收储存

在果实达到商品成熟时进行采收，并进行储存和运输。南疆大白菜的生长周期一般在2~3个月，当大白菜的外叶变黄，内叶接近成熟时，就可以收获了。收获后，需要及时清洗、处理和保存，以保证品质。

二、大白菜栽培技术的细节

首先，南疆地区大白菜的种植时间一般在每年的4—5月或9—10月。这是因为在这些时间段内，南疆地区的气候和温度较为适宜，可以保证大白菜的正常生长和发育。

其次，南疆地区大白菜的种子可以直接播种，也可以先育苗后再移栽。如果选择直接播种，需要先把土壤松散、平整，并在土地上挖一个浅沟，将种子均匀撒在沟内。如果选择育苗移栽，则需要在苗长到2~3片叶子时再移栽到土地中。在养护管理方面，大白菜需要充足的阳光和适量的水分。因此，需要每天浇水，并及时除草、松土和修剪枝叶。同时，要注意防治病虫害，定期喷洒农药可以有效降低病虫害的发生率。

最后，当大白菜的外叶变黄，内叶接近成熟时，就可以开始收获了。收获后，需要及时清洗并处理，放入冰箱或地窖中保存，以保持新鲜。

此外，南疆地区大白菜的种植还需要注意以下几点。

①需要根据当地气候条件合理选择种植时间，避免遭受极端天气的影响。

②种植时要调节好土质，避免土硬、黏重或者松软。

③在育苗的过程中一定要控制水分，防止过水导致幼苗死亡。

④种植过程中需要定期施肥、浇水、除草等养护管理措施。

第六章　南疆地区豇豆高产栽培技术

第一节　豇豆特点介绍

一、品种选择

南疆地区豇豆主要种植的品种包括‘苏豇一号’‘之豇特早 30’‘青豇 30’等，这些品种具有早熟、耐热、抗病、丰产等特点，适合在南疆地区种植。还有一些其他品种比较推荐的。

1. 黑眉 5 号

具有丰产、优质、耐热、抗病等特点，适合在南疆地区种植。

2. 绿豇王

生长势强，豆荚翠绿、直长，肉质厚实，口感脆嫩，营养价值高。

3. 丰豇555号

早熟、丰产、耐热、抗病，豆荚粗壮饱满，口感鲜嫩。此外，还有一些品种如‘天山雪豇’‘郑豇808’等也是比较适合在南疆地区种植的豇豆品种。在选择品种时，需要根据当地的气候条件、土壤情况以及市场需求等因素进行综合考虑。

二、生长环境

南疆地区的气候条件适合豇豆的生长，具有充足的阳光和适宜的温度。同时，南疆地区的土壤也较为肥沃，有利于豇豆的生长和发育。

三、外观特点

南疆地区豇豆的外观比较整齐、匀称，颜色鲜绿，豆荚饱满，口感脆嫩，营养价值高。

四、品质优良

南疆地区豇豆的品质优良、营养丰富，含有丰富的蛋白质、维生素和矿物质等营养成分，对人体有很好的保健作用。

五、适用范围广

南疆地区豇豆不仅适合用于各种烹饪方式，还可以用于制作豆制品、酱菜等食品，适用范围广泛。

总之，南疆地区豇豆具有早熟、耐热、抗病、丰产等特点，外观整齐、颜色鲜绿、口感脆嫩、营养价值高，品质优良且适用范围广。

第二节　豇豆栽培技术要点

一、选地整地

选择疏松而不太黏的土壤进行育苗，将种子掺入细沙进行撒播，覆盖薄土、浇水保湿。

二、施肥管理

在生长期间，要保持适宜的肥水供应，以满足其生长所需。建议在定植之后进行一次施肥，主要是使用尿素，在植株长到40厘米左右的时候需要进行第二次施肥，此次施肥一般是使用粪尿水，第三次施肥要在植株开花的时候，可以选择使用钾肥和磷肥。

三、温度控制

豇豆生长适宜的温度在20~30℃。温度过低会导致生长缓慢，温度过高会导致营养消耗过大。

四、光照要求

需要充足的阳光照射，至少需要6小时的阳光照射。

五、病虫害防治

要注意防治病毒病、疫病、蚜虫、茶黄螨等病虫危害。

六、适时采收

在豇豆成熟时进行采收，并进行储存和运输。

第七章　南疆地区黄萝卜栽培技术

第一节　黄萝卜特点介绍

南疆地区黄萝卜的产地主要分布在喀什、和田、阿克苏、巴音郭楞等地。这些地区的气候和土壤条件都非常适合黄萝卜的生长，因此黄萝卜在这些地区都有广泛的种植。其中，巴音郭楞自治州焉耆回族自治县的黄萝卜最为著名，因为这里的土壤肥沃，气候适宜，而且有着上百年的种植历史，因此被誉为“南疆黄萝卜之乡”。

一、外观特点

南疆地区黄萝卜个头较大，形状匀称，表皮光滑，颜色呈金黄色或淡黄色，非常诱人。

二、口感特点

南疆地区黄萝卜口感脆嫩多汁，甜度适中，口感清脆可口，十分美味。

三、营养价值

南疆地区黄萝卜富含多种营养成分，如维生素C、维生素A、膳食纤维、矿物质等，具有很高的营养价值。

四、种植特点

南疆地区黄萝卜主要种植在喀什、和田等地区，具有悠久的种植历史和独特的种植技术。

五、地域特色

黄萝卜是南疆地区的特色农产品，与当地的气候、土壤等条件密切相关，具有独特的地域特色。

总之，南疆地区黄萝卜具有外观美观、口感脆嫩、营养价值高、种植历史悠久和地域特色明显等特点，是南疆地区的优质农产品之一。

第二节　黄萝卜栽培技术要点

一、选择适宜的土壤

南疆地区黄萝卜适宜生长在疏松透气、排水良好且地势开阔的地方，因此要选择疏松而不太黏的土壤进行种植。

二、精细整地

在播种前要将土壤翻松，有利于种子的发芽和幼苗的生长。

三、种子处理

为了提高种子的发芽率，可以将种子浸泡 12 小时再播种。

四、合理施肥

在生长期间需要追肥浇水，一般每亩施磷酸钙 3~4 千克，钾肥 2~3 千克。

五、防治病虫害

南疆地区黄萝卜主要防治蚜虫的危害，可以在生长期间进行喷洒农药进行防治。

六、适时收获

在果实达到商品成熟时进行采收，采收后要及时清洗、处理和保存，以保证品质。

第八章　南疆地区芹菜栽培技术

第一节　芹菜栽培技术要点

南疆地区的气候条件和土壤环境比较适合芹菜的生长，因此南疆地区芹菜具有优良的品质和口感。以下是南疆地区芹菜的栽培技术要点。

一、品种选择

南疆地区芹菜栽培应选择适应性强、抗病、优质、高产的品种，如本地芹菜、西芹等。

二、播种育苗

南疆地区芹菜一般采用育苗移栽的方式进行栽培。在苗床上均匀撒播种子，覆盖一层薄土，然后浇水渗透。在适宜的温度和湿度条件下，7~10 天即可出苗。当幼苗长到 5~7 片真叶时，可以进行移栽定植。

三、整地施肥

选择土壤肥沃、排水良好的地块进行芹菜栽培。在定植前，深翻土地并施足底肥，一般每亩施用腐熟的有机肥 3 000~4 000 千克，同时加入适量的磷肥和钾肥。

四、定植管理

定植时，将幼苗按照一定的株行距进行栽植，一般株距为 15~20 厘米，行距为 20~25 厘米。栽植后及时浇水，促进幼苗成活。在生长期间，保持土壤湿润，并及时进行中耕除草和施肥，促进芹菜生长。

五、病虫害防治

南疆地区芹菜常见的病虫害包括猝倒病、斑枯病、蚜虫等。对于这些病虫害，应采取综合防治措施，包括选用抗病品种、加强田间管理、及时清除病残体等农业措施和化学药剂防治等。

六、采收

当芹菜植株长到一定高度，且茎叶茂盛时，可以进行采收。采收时，将整株芹菜挖出，去掉根部泥土，洗净后即可上市销售或进行加工。

以上是芹菜的栽培技术要点，具体操作可根据实际情况进行调整。

第二节　芹菜生长特点

南疆地区芹菜的历史可以追溯到数千年前，在中国古代文献中就有关于芹菜的记载。据史书记载，芹菜最早出现在中国南方的水乡泽国，后来逐渐传播到世界各地。

在南疆地区，由于独特的气候和地理环境，芹菜生长条件良好。在清朝时期，南疆地区的芹菜已经成了当地特色蔬菜之一，并被列为贡品蔬菜。在当时，南疆地区芹菜已经有了较高的知名度和声誉，被视为珍贵的蔬菜之一。

随着时间的推移，南疆地区芹菜逐渐成了当地特色美食之一，并被广泛应用于烹饪中。在南疆地区，芹菜炒肉、芹菜炒豆腐等菜品都是非常受欢迎的家常菜。同时，南疆地区芹菜还被用于制作腌菜和泡菜等食品，成了当地人民生活中不可或缺的一部分。

芹菜已经成了南疆地区的标志性蔬菜之一，并被广泛推广和种植，受到了越来越多人的喜爱和关注。

一、南疆地区芹菜的生长特点

1. 生长环境特殊

南疆地区气候干燥、日照充足、昼夜温差大，为芹菜的生长提供了得天独厚的条件。

2. 品质优良

南疆地区芹菜口感鲜嫩、纤维少、营养丰富，味道清香。

3. 微量元素丰富

南疆地区芹菜中富含多种微量元素，如钙、铁、钾等，具有很高的营养价值。

4. 品种独特

南疆地区芹菜经过多年的培育，已经形成了具有地方特色的芹菜品种。

5. 病虫害少

由于南疆地区气候干燥，芹菜病虫害较少，生长过程中农药使用量少，更加绿色健康。

二、南疆地区芹菜在清朝时期成为贡品蔬菜的原因

1. 独特的气候条件

南疆地区气候干燥、日照充足、昼夜温差大，这种独特的气候条件为芹菜的生长提供了得天独厚的条件，使得南疆芹菜的品质和口感非常优良。

2. 品质优良

南疆芹菜口感鲜嫩、纤维少、营养丰富、味道清香，这些特点使得它成了人们喜爱的蔬菜之一。在清朝时期，南疆芹菜的品质和口感得到了进一步优化和提升，成了当时的珍品蔬菜。

3. 产量少而珍贵

由于南疆地区气候条件特殊，芹菜的种植难度较大，产量也比较少，因此芹菜在当时被视为珍贵

的蔬菜之一。为了满足皇室对这种稀有蔬菜的需求，南疆地区芹菜被列为贡品蔬菜，专门供应皇室贵族享用。

4. 历史传统

在清朝时期，南疆地区的一些特色蔬菜和水果已经被列为贡品，供应皇室贵族。南疆地区芹菜作为当地的特色蔬菜之一，也受到了这种历史传统的影响，成了贡品蔬菜之一。

第三节　芹菜的功效和作用

一、清热解毒

常吃些芹菜有助于清热解毒、去病强身，肝火过旺、皮肤粗糙及经常失眠、头疼的人可适当多吃。

二、利尿消肿

芹菜含有利尿的有效成分，消除体内水钠潴留，可用于乳糜尿。

三、平肝降压

芹菜含酸性的降压成分，它能对抗烟碱、山梗茶碱引起的升压反应，并可引起降压。对于原发性、妊娠性及更年期高血压均有一定效果。

四、养血美颜

芹菜含铁量较高，能补充妇女经血的损失，食之能避免皮肤苍白、干燥、面色无华，而且可使目光有神，头发黑亮。

五、醒酒保胃

芹菜属于高纤维食物，可以加快胃部的消化和排除，通过芹菜的利尿功能，把胃部的酒精通过尿液排出体外，可以缓解胃部的压力，起到醒酒保胃的效果。

六、镇静安神

从芹菜籽中分离出的一种碱性成分，有镇静作用，对人体能起安定作用。

七、防癌抗癌

芹菜是高纤维食物，它经肠内消化作用产生一种木质素肠内脂的物质，这类物质是一种抗氧化剂，高浓度时可抑制肠内细菌产生致癌物质，它还可以加快粪便在肠内的运转时间，减少致癌物与结肠黏膜的接触，达到预防结肠癌的作用。

第九章　南疆地区蔬菜主要病虫害防治技术要点

南疆设施蔬菜病害的种类可分为四大类：真菌病害、病毒病害、细菌性病害和生理性病害。

第一节　蔬菜真菌病害

真菌病害是蔬菜种植中常见的病害，由各种真菌侵染蔬菜根、茎、叶、果等部位而引起蔬菜病害，种类最多，危害最大。

一、真菌病害种类

1. 黄瓜白粉病

俗称“白毛病”，以叶片受害更重，其次是叶柄、茎和果实。发病初期，叶片正面或背面产生白色近圆形的小粉斑，逐渐扩大成边缘不明显的大片白粉区，布满叶面，叶面褪绿，枯黄变脆。发病严重时，叶面布满白粉，变成灰白色，直至整个叶片枯死（图 9-1）。白粉病侵染叶柄和嫩茎后，一般情况下部叶片比上部叶片多，叶片背面比正面多。可以覆盖全叶，严重影响光合作用，使正常新陈代谢受到干扰，造成早衰，产量受到损失。

（a）　　　　（b）

图 9-1　黄瓜白粉病

2. 茄子早疫病

茄子早疫病主要侵害叶片。病斑圆形或近圆形，边缘褐色，中部灰白色，具同心轮纹，直径 2~10 毫米。湿度大时，病部长出微细的灰黑色霉状物。后期病斑中部脆裂，严重的病叶早期脱落。

3. 辣椒炭疽病

叶片染病，初为褪绿色水浸状斑点，逐渐变成褐色，中间淡灰色，病斑上轮生小黑点。果柄受害，生褐色凹陷斑。果实被害，初现水浸状黄褐色圆斑或不规则斑，斑面有隆起的同心轮纹，并生有许多黑色小点，潮湿时病斑表面溢出红色黏稠物。果实上的病斑易干缩呈膜状，有的破裂。炭疽病是夏季辣椒特别是大田辣椒的主要病害，高温多雨天气或使用氮肥偏多，大水漫灌都容易引发炭疽病，炭疽病一旦发生，发病速度快，往往造成大面积的落叶和烂果现象，尤其是在辣椒生长中后期，辣椒炭疽病更容易发生。

4. 辣椒疫霉病

辣椒疫霉病在辣椒全生育期所有地上绿色部分及根部均受害。苗期发病，茎基部呈暗绿色水渍状软腐或猝倒，即苗期猝倒病；有的茎基部呈黑褐色，幼苗枯萎而死。木质化的幼茎根茎组织腐烂，茎叶急速萎蔫，幼苗折倒枯死。成株主茎或根部全株枯死，侧枝受害，其上枝条枯死。叶片发病呈水渍状，由边缘向内扩展，后为淡褐色。花器官发病表现为变褐软腐、脱落。果实多从蒂部发病，初期呈水渍状病斑，潮湿时软腐，病健交界明显。如环境适宜迅速向外扩大，导致果实腐烂。

5. 番茄灰霉病

番茄灰霉病主要危害叶、茎、花序和果实，通常青果发病比较严重。叶片发病一般从叶片尖部开始，呈“V”形向内扩展，一开始呈水浸状，展开后呈黄褐色，叶片边缘不规则，表面出现少量白色霉层。果实染病，一般从残留的柱头和花瓣先被侵染，后向果实和果柄处扩展，致使果皮呈灰白色，出现厚厚的灰色霉层，呈水腐状（图 9–2）。

图 9–2 番茄灰霉病

6. 番茄早疫病

地上各部均可侵染，以叶部受害最常见。叶片染病初期出现黑色小斑点，逐渐扩大成有轮纹状的黑褐病斑，病斑外围具浅黄色晕圈，潮湿时病斑两面都会长出黑色霉层，多个病斑相连时可使叶片早枯。茎部多在分杈处产生深黑褐色不规则形或近圆形病斑，严重时病斑绕茎一周，可使其上部枯死或部分枝条折断，植株枯死，产量损失严重。

7. 番茄晚疫病

果实染病主要发生在青果上，病斑初呈油渍状暗绿色后变成暗褐色至棕褐色，稍凹陷，边缘不明显，云纹不规则，果实一般不变软，湿度大时长少量白霉，迅速腐烂。

二、真菌病害的防治技术

①用杀菌剂进行拌种。

②清洁田园，及时将病叶、病果、病株清出田外深埋或烧毁。

③轮作换茬，增施有机肥和磷肥。

④加强通风，膜下浇小水，降低湿度。

⑤杀菌剂对绝大多数真菌性病害都有较好的效果，可以酌情使用。霜霉病、疫病的防治：选用药剂有53%金雷多米尔600倍液，或72%甲霜灵锰锌500~600倍液，或66.8%霉多克600倍液，或70%安泰生（富锌）500~700倍液，或大生600倍液，

或喷克 600 倍液。白粉病、锈病的防治：可轮换喷施 75%百菌清可湿性粉剂 800 倍液，或 20%粉锈灵乳油 1 000 倍液，或 40%灭病威悬浮剂 300～400 倍液，或 25%敌力脱 1 000 倍液，或仙生 800 倍液，或喷克 600 倍液。枯萎病的防治：2.5%适时乐悬浮种衣拌种及适时乐 2 000 倍液，或枯萎立克 500 倍液，或 50%甲基托布津 400 倍液等灌根，每株灌药液 0.3～0.5 千克。真菌性病害防治：可选用 2%农抗 120 水剂 150～300 倍液浇灌处理田间灌根，每株浇灌 300～500 毫升药液；或 5%井冈霉素水剂 500～1 000 倍液浇灌；或 2%春雷霉素水剂 400～500 倍液喷雾和 100 倍液灌根；或 2%宁南霉素水剂 200～400 倍液喷雾。

第二节　蔬菜病毒病害

一、蔬菜病毒病害的种类

1. 辣椒病毒病

常见的辣椒病毒病危害症状有花叶、黄化、坏死和畸形等（图 9-3）。

（a）

（b）

图 9-3　辣椒病毒病

（1）轻型花叶病　叶初现明脉和轻微褪绿，或浓、淡绿相间的斑驳，病株无明显畸形或矮化，不造成落叶，重型花叶除表现褪绿、斑驳外，叶面凹凸不平，叶脉皱缩畸形，甚至形成线叶，生长缓慢，果实变小，严重矮化。

（2）黄化　病叶明显变黄，出现落叶现象。

（3）坏死　病株部分组织变褐、坏死；表现为条斑，顶枯，坏死斑驳及环斑等。

（4）畸形　病株变形，或植株矮小，分枝极多，呈丛枝状。

2. 茄子病毒病

近年来，茄子病毒病发生较重，以保护地最为常见。其症状类型复杂，常见的有花叶坏死型、花叶斑驳型等。上部新叶呈黄绿相间的斑驳，发病重时叶片皱缩，叶面有疮斑。叶面有时有紫褐色坏死斑，叶背表现更明显。见图 9-4。

图 9-4 茄子病毒病

3. 番茄病毒病

番茄病毒病是由病毒引起的病害。主要随病残体在土壤中或在种子和其他宿根植物上越冬，并通过蚜虫、田间操作接触传染。夏季病害重。苗期易感病。管理粗放，果实膨大期缺水，土壤中缺少钙、钾等元素发病重。番茄病毒病症状有 3 种。叶片上有黄绿相间或绿色深浅不匀的斑驳；有明显花叶，疱斑，新叶变小，扭曲畸形，植株矮小；结果少而小，果面呈花脸状。见图9–5。

（a）

（b）

图9–5　番茄病毒病

二、蔬菜病毒病防治技术

1. 消灭蚜虫、叶螨、粉虱等传毒虫媒

及时喷施低毒、高效杀虫剂把害虫消灭在传毒之前。在番茄、辣椒、瓜类定植前的苗床和定植后，大白菜播种前和出苗后，都是防治蚜虫、叶螨、粉虱等害虫的重点时期。用90%杜邦万灵水溶性粉剂3 000倍液，或10%吡虫啉可湿性粉剂3 000倍液防蚜虫。

2. 选用抗病耐病蔬菜品种

大白菜一般青帮品种抗病，如品种较好的有‘北京75’‘新白1号’‘鲁白8号’等。番茄如

‘早魁’‘毛粉 802’‘L402’等品种。辣椒可选用‘新椒 3 号’‘新椒 6 号’‘津椒 3 号’等品种。

3. 种子脱毒

番茄、辣椒、瓜类种子外部带毒。温汤浸种。可将种子在 55℃温水中浸泡 20 分钟捞出后，再放入 10%的磷酸三钠溶液中浸泡 30 分钟，取出后用清水搓洗 3 次后催芽；或 40%甲醛 200 倍液浸种 30 分钟，洗净种子后晾干播种。

4. 喷施

1.5%植病灵乳剂 800~1 200 倍液喷施，于苗期、定植前和开花初期共喷 3 次，每隔 10~15 天喷 1 次；或病毒病发病前或初期喷施 20%病毒宁可湿性粉剂 500 倍液，每隔 10 天喷 1 次，连续喷 2~3 次。这样均有较好的防治效果。

5. 消除蔬菜病毒交叉传染

在田间操作时特别是蔬菜进行整枝打杈时应带上橡皮手套，每打杈 1~2 株将手套在 10%的磷酸三钠溶液中浸泡一下，再打杈。

第三节　蔬菜细菌性病害

一、蔬菜细菌性病害种类

1. 番茄青枯病

番茄青枯病是一种会导致全株萎蔫的细菌性病害，多在开花结果期开始发病。植株开花以后，病株开始表现出危害症状。叶片色泽变淡，呈萎蔫状。叶片萎蔫先从上部叶片开始，随后是下部叶片，最后是中部叶片。发病初始叶片中午萎蔫，傍晚、早上恢复正常，反复多次，萎蔫加剧，最后枯死，但植株仍为青色。病茎中、下部皮层粗糙，常长出不定根和不定芽，病茎维管束变黑褐色，但病株根部正常。横切病茎后在清水中浸泡或用手挤压切口，有乳白色黏液溢出。

2. 辣椒软腐病

辣椒软腐病主要危害果实，特别是虫蛀，果实发病率很高。果实发病，初为水渍状暗绿色，外观看果皮整齐完好，后期变褐色，果实内部腐烂发臭。

失水后干缩，果皮变白色，茎叶发病后腐烂、发臭。该病属细菌性病害，病菌随病残体在土壤中越冬，随雨水、灌溉水在田间传播，成为翌年田间发病的初侵染源。此后病菌通过蛀果害虫继续传播，由果实伤口侵入，导致病害流行。管理粗放、蛀果害虫猖獗的地块发病重。低洼潮湿地块，阴雨连绵的天气，均能加重此病害的发生。

3. 黄瓜细菌性角斑病

黄瓜细菌性角斑病主要危害叶片，也可危害果实和茎蔓。苗期至成株期均可发病。子叶被害时，初呈水浸状近圆形凹陷斑，后变成黄褐色斑。真叶染病后，先出现针尖大小的淡绿色水浸状斑点，渐呈黄褐色、淡褐色、褐色、灰白色、白色，因受叶脉限制，病斑呈多角形。果实上病斑初呈水浸状圆形小点，扩展后为不规则的或连片的病斑，向内扩展，维管束附近的果肉变为褐色，病斑溃裂，溢出白色菌脓，并常伴有软腐病菌侵染，呈黄褐色水渍状腐烂。

二、细菌性病害防治技术

1. 种子消毒

温汤浸种。将种子用小网袋装好，放入55℃温水中，桶尽量盛较多的水，以免降温过快，并不断搅动（避免种子烫伤）；恒温浸种20~30分钟，捞出晾干催芽。药剂浸种用100万单位农用链霉素500倍液浸种2小时，洗净后进行催芽播种。

2. 施用生物有机肥和土壤修复剂

生物有机肥是以优质鸡粪等作为有机原料，并添加一定的有益微生物菌为活性剂，经高温发酵而制成。产品含有氨基酸和腐植酸，并有多种微量元素，可分解土壤中固定的氮、磷、钾，并能抑制土壤中有害病菌的发生，增强作物对养分的吸收能力和加速有机质的合成，对病害有一定的防治效果。土壤修复剂能改善土壤板结，平衡土壤酸碱度，提高土壤保水保肥能力，同时平衡生态系统，控制各种有害生物的基数，减少各种病害发生；还能修复土壤损伤，改善蔬菜生长环境，促进蔬菜健康生长。

3. 深沟高畦种植

蔬菜要采用高畦种植，一般畦的高度在 30 厘米左右，且环沟、畦沟、腰沟要畅通，使雨水能及时排除，保证土壤常处于干爽状态，增加土壤通气性，利于根系生长，可有效减轻病害发生。

4. 嫁接育苗栽培

蔬菜嫁接育苗栽培，由于砧木的适生性和抗逆性较强，嫁接后可增强接穗抗逆性及抗病能力。此外，砧木具有较强大的根系，根多、分布广，吸收能力增强，能更好地吸收土壤中的养分，不断地供给植株生长。所以，嫁接苗的根系对肥料的利用率高，植株生长健壮，对病菌入侵能力抵抗力强。此外，嫁接育苗栽培还能提高产量和改善品质，提高耐寒性，如番茄、茄子嫁接育苗栽培。

5. 采用膜下滴灌肥水一体化栽培

对瓜类、茄果类、豆类蔬菜，推广膜下滴灌肥水一体化栽培技术，为蔬菜生长发育提供所需的水分和肥料。此技术最大效用是使作物“少食多餐”，按蔬菜不同生长发育时期对水分及养分的需求，进行合理供应，不浪费肥料，肥料吸收率高，减轻环境污染；可节水、节肥、省工，提高产量；降低田间湿度，避免肥料对根系造成伤害，减轻细菌性病害的发生。

6. 减少农事操作和虫害造成的伤口

细菌性病害极易从各种伤口侵入，因此，在育苗及田间农事操作时，要尽量减少对根系、叶片、植株茎部及花柄的损伤。能采用穴盘育苗的蔬菜，要用穴盘育苗，以减轻移栽造成的伤根；在移栽后中耕、除草、施肥等农事操作中，要减少对根系的损伤；在抹芽、打杈、摘叶操作时，要选择晴天露水干后进行，使伤口能及时愈合，减少病菌的侵入。另外，也要及时喷药治虫，防止病菌侵入伤口。

7. 药剂防治

发病初期要及时用药灌根和喷雾。可选用噻菌铜 500~600 倍液，或 72%农用链霉素 3 000 倍液，或 3%中生菌素 1 000 倍液，或 90%新植霉素 2 000 倍液，或 8%宁南霉素 3 000 倍液，或 2%春雷霉素 600 倍液等药剂喷雾或者灌根。

第四节　蔬菜生理性病害

一、蔬菜生理性病害的种类

1. 番茄、辣椒脐腐病

番茄、辣椒脐腐病是由缺钙引起的，是茄果类作物的主要病害。钙是随水流动的，因果实表面光滑，蒸腾少，果实钙元素减少，细胞壁变薄破裂，后坏死形成脐腐病。

2. 辣椒日灼病

日灼病一般发生在夏季和干旱时。由于阳光充足直接照射果实，迎光面细胞失水坏死，或者干旱叶片稀疏，果实本来就缺水，又加上阳光直接照射，晒伤导致日灼病。

3. 黄瓜畸形瓜

黄瓜畸形瓜主要是由于种植过密，结果较多或摘叶多，雌花小，发育不全，干旱伤根等，造成营养供给不足。

二、生理性病害防治技术

1. 降低点花药浓度

点花药尽量要自己进行调配，且要随环境变化及时调整浓度。随着气温回升，菜农可在原点花药中加入10%~20%的清水，适当降低点花药浓度。

2. 合理供应肥水

适当结合植株长势及土壤情况合理施肥，选择肥料时，尽可能地选择易吸收或者促进吸收的功能性水溶肥产品，冲肥的同时，结合叶面喷施，弥补根系吸收能力不足的情况。

3. 及时纠正生理性病害

首先是根系受伤造成的植株失水萎蔫。菜农要坚持往植株上喷洒温水，缓慢通风，提高棚内湿度，缓解植株的萎蔫现象。待地面稍微干燥后，要及时揭开地膜，中耕，提高土壤透气性，促进根系再生；中耕后，可用养根素灌根，每株50~100克，提高根系活性，促进生根。

4. 适当延后保温被下放时间

入春后，白天光照时间充足，但很多菜农习惯在20℃左右下放保温被，保温被下放后，温度会有小幅回升，上半夜温度明显偏高，蔬菜会出现徒长，生长点细长、瘦弱，这时一旦控旺调节剂使用不当，很容易出现激素中毒的情况，所以，菜农应在17~18℃时下放草苫。

5. 及时处理因用药不当而造成的药害

蔬菜植株叶片灼伤、植株萎蔫，要及时进行补救，可以使用爱多收6 000倍混液+细胞分裂素600倍液，或乐多收叶面肥200倍液等加以缓解，调节植株长势。

6. 及时调整因调节剂使用不当造成的激素中毒

如多效唑造成的药害，建议喷施赤霉素来缓解，具体倍数可参照产品的使用说明。蘸花药积累引起的激素中毒，建议喷施云大全树果1 500倍液+细胞分裂素1 000倍液+氮磷钾平衡型叶面肥来缓解。乙烯利喷施过量导致药害发生，建议喷施爱多收6 000倍液，或胺鲜酯1 000倍液来缓解。爱多收可促进细胞内原生质的流动，对植物生长发育、生根、开花有明显的促进作用，胺鲜酯可提高植物内各种酶的活性，促进细胞的分裂和伸长。

第五节　蔬菜地下害虫及防治技术

一、地下害虫的种类

主要有蝼蛄、地老虎、金针虫。其中，金针虫是目前设施蔬菜苗期或定植后的重要害虫，发生普遍，且有危害加重的趋势（图 9-6）。

图 9-6　金针虫

二、地下害虫的防治技术

1. 深翻土壤，晒土灭虫

通过深耕多耙，把深层的害虫翻至地表，破坏虫蛹生存环境。通过日光暴晒，天敌捕食及机械杀伤，消灭幼虫和卵。

2. 清洁田园

清除菜田内以及周围前茬作物的残余物及杂草。

3. 诱杀成虫

在第一代成虫盛发期，采用黑光灯诱杀地老虎，蛴螬和蝼蛄的成虫，也可用糖醋液诱杀地老虎，减少虫口基数。

第六节　蔬菜常见害虫种类及防治技术

蔬菜常见害虫种类有蚜虫、叶螨、小菜蛾、白粉虱、斑潜蝇及番茄潜叶蛾等。

一、蚜虫

1. 蚜虫危害

危害蔬菜的蚜虫（图 9-7）主要有菜蚜、萝卜蚜、棉蚜。主要刺吸植物组织汁液，影响生长，虫口密度越大，影响越严重。蚜虫同时传播病毒病。蚜虫在阿克苏地区一年发生 10~20 代。

图 9-7　蚜虫

2. 蚜虫防治技术

（1）黄板诱蚜　蚜虫对黄色粘虫板有较强的趋性，由于蚜虫体型小，飞行高度有限，悬挂高度离地1.2米，从蔬菜苗期开始悬挂，每亩（15亩=1公顷，后同）悬挂20~30片，规格25厘米×30厘米黄色粘虫板。

（2）银灰膜避蚜　在垄的两侧铺放银灰色膜驱避蚜虫。

（3）药剂防治　连片发生时选用5%抗蚜威2 000~3 000倍液喷雾防治。

（4）生物制剂防治　点片发生时可轮换喷施0.5%藜芦碱醇水剂1 000倍液，或1%苦参烟碱水剂1 000倍液，或0.3%印楝素800倍液等生物制剂。

（5）天敌防治　保护利用草蛉、瓢虫等天敌，增益控害。

二、叶螨

1. 叶螨危害

蔬菜上发生的叶螨（图9-8）主要有土耳其斯坦叶螨、截形叶螨等，主要危害蔬菜中的茄子、辣椒、瓜类、豆类等。受害叶片开始为白色小斑点，后褪绿变为黄白色，严重时变锈褐色似火烧，造成早落叶，果实干瘪，植株枯死。红蜘蛛一年发生10代左右。一般在干旱高温条件下繁殖最快，容易大面积发生。

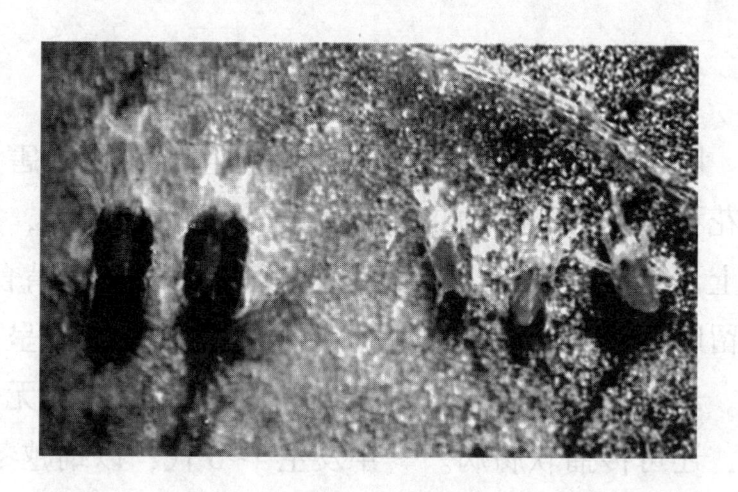

图 9-8　叶螨

2. 叶螨防治技术

（1）彻底清除菜田及附近杂草　减轻虫源，破坏越冬场所。

（2）加强虫情调查　及时控制在点片发生阶段。

（3）喷药防治　20%复方浏阳霉素 1 000 倍液，或 1% 杀虫素乳油 2 500 倍液，或 1.8% 齐螨素 2 000~3 000 倍液，或 3.3%天丁乳油 2 000 倍液等喷雾防治。

三、小菜蛾

1. 小菜蛾危害

阿克苏地区各县（市）均有发生，主要危害十字花科作物。1 龄幼虫潜入表皮之间取食叶肉，残留上下一薄层表皮，2 龄后不再潜叶而在叶背啃食，残留叶面表皮，幼虫把叶片吃成孔洞，严重时呈网状。幼虫喜食菜心，并在其中吐丝结网，造成无心菜，还可传播软腐病。一年发生 4~5 代，以蛹越冬。

2. 小菜蛾防治技术

（1）农业防治　要避免小范围内十字花科蔬菜同年连作，以免虫源周而复始。加强苗期管理，及时防治，提倡深翻地，蔬菜收获后，要及时处理残株败叶，消灭大量虫源。

（2）诱虫灯灯光诱蛾　在成蛾发生初期前及时接电开灯诱杀成蛾。

（3）喷药防治　小菜蛾高龄幼虫抗药性强，应注意轮换交替用药，以延缓抗药性产生。在卵孵盛期至幼虫 2 龄期，可用菜喜（2.5%多杀霉素悬浮剂）1 000~1 500 倍液，或抑太保（5%氟啶脲乳油）1 000~2 000 倍液喷雾。在幼虫 2~3 龄期，可以用爱福丁 2 号（0.9%阿维菌素乳油）2 000 倍液，或 10%虫螨腈悬浮剂 1 500~3 000 倍液等喷雾。高效低毒的生物农药如阿维菌素及昆虫生长调节剂类农药、Bt 制剂等，在傍晚前后使用效果最好。

四、白粉虱

1. 白粉虱危害

多种蔬菜作物上有发生。成虫啃食幼嫩叶片，严重时布满叶片背面，像铺一层白粉使叶片从叶基部发黄扩展全叶（图 9-9），不久叶片脱落，但叶脉保持绿色，严重时整株枯死，温室白粉虱在寄主植物上分泌蜜露，产生霉层，引起煤污病，影响植物光合作用，白粉虱还可传播病毒病。白粉虱一年可发生 8~10 代。

2. 白粉虱防治技术

（1）减少露地虫源　及时清除、销毁田间蔬菜含虫残叶、枝。

（2）设置防虫网　育苗时在温室与拱棚设置防虫网，阻止粉虱飞入危害。

图 9-9　白粉虱

（3）物理防治　温室、大棚防治白粉虱可采用物理防治方法悬挂黄板。

（4）药剂熏蒸　在温室粉虱刚发生时，烟剂熏蒸对成虫具有很好的防效。可选用 10%蚜虱一熏净烟剂（180 克/0.6 亩）、2%灭杀烟剂（180 克/0.6 亩）等。烟剂每隔 15 天使用一次。做好温室封闭，在傍晚放覆盖物前释放，密闭一夜。

（5）喷雾防治　可选用 25%阿克泰水分散性粒剂（又名噻虫嗪）4 000 倍液，或 25%扑虱灵可湿性粉剂800~1 000倍液与 2.5%天王星乳油 4 000 倍液混用，或 10%一遍净（吡虫啉 1 000~2 000 倍液），或 1.8%虫螨克乳油 2 000 倍液喷雾防治。白粉虱容易产生抗药性，在选择药剂时，注意交替使用农药，每隔 15 天用药一次。

五、斑潜蝇

1. 斑潜蝇危害

斑潜蝇在蔬菜上寄主范围极广，主要危害各类瓜类作物、豆类作物、茄果类蔬菜、马铃薯、十字花科、菊科等蔬菜。

2. 斑潜蝇防治技术

（1）斑潜蝇对黄色有趋向性　可采用黄板进行诱杀。黄板的悬挂高度应高出蔬菜作物 10 厘米，每亩悬挂 20～30 片，规格 25 厘米×30 厘米黄色粘虫板。

（2）生物农药防治　生物农药对人安全、毒性低。常用的药剂为 1.8%的阿维菌素（又名齐螨素、爱福丁、虫螨克）。

（3）低毒、高效化学药剂防治　可用药剂 20%吡虫啉乳油 2 000 倍液，或 3%啶虫脒可湿性粉剂 2 000 倍液等喷雾，注意交替用药及喷药安全间隔期。

（4）消灭虫蛹　该虫为叶外落地化蛹，一般都会落在地膜上，最好早上开棚以后将虫蛹集中扫到一块，带出棚外销毁。

六、番茄潜叶蛾

1. 番茄潜叶蛾危害

番茄潜叶蛾是近期传入的重大灾害性害虫，主要危害茄科作物，寄主范围广泛。该虫扩散迅速，严重发生时减产率极高，甚至毁种重播。

2. 番茄潜叶蛾防治技术

（1）轮作换茬减轻番茄潜叶蛾危害　在番茄潜叶蛾发生危害较重的田块最好实行轮作换茬，与葱、蒜类蔬菜作物轮作换茬，可有效减轻危害。

（2）农业措施　及时铲除、销毁田块周围番茄、马铃薯等寄主植物残体、茄科野生杂草，充分降低番茄潜叶蛾发生的虫口基数。

（3）深翻、耙磨土壤　针对番茄潜叶蛾在土壤3~5厘米浅层化蛹的特点，结合菜苗育苗、移栽前整地，在番茄潜叶蛾化蛹高峰期深翻土层15厘米，耙磨土壤消灭虫蛹。

（4）诱虫灯及蓝板物理技术诱杀　针对番茄潜

叶蛾成蛾趋光和蓝板特性，在 4 月下旬至 10 月上旬放置诱虫灯，按照一盏诱虫灯防控面积 60 亩计算蔬菜田放置诱虫灯数量。在番茄潜叶蛾成蛾发生初期，及时采取摆放蓝板（或蓝色粘虫板+性诱剂），每亩放置 20~25 块蓝板。

（5）生物防治 Bt 剂型可湿性粉剂（含活芽孢 100 亿/克），每亩用量 250 克，使用浓度 1 000 倍液喷雾；阿维菌素剂型为 1.8%乳油，每亩用量 15~20 克，使用浓度 3 000 倍液喷雾；艾绿士（6%乙基多杀霉素悬浮剂），每亩用量 40 毫升，使用浓度 1 000 倍液喷雾。

第十章　南疆地区拱棚蔬菜栽培技术要点

第一节　拱棚豇豆栽培技术

一、拱棚豇豆栽培技术要点

1. 茬口安排

早春栽培一般采取移栽定植，2 月上旬至中旬播种育苗，3 月中旬前后定植，5 月中旬开始采收。

2. 适时定植

豇豆定植前 15～20 天覆盖棚膜，适宜温度为拱棚内 10 厘米，地温稳定通过 15℃（3 月下旬阿克苏地区山区 10 厘米地温达不到 15℃，但可以定植，缓苗生长速度较慢），气温稳定在 12℃以上。

3. 定植方法

早春提早定植宜在晴天上午进行，在垄上定植按30厘米打穴，浇水后放苗，每穴放2株苗，最好带基质移栽，封穴轻轻按压，与垄平齐。

二、定植田间管理

1. 浇缓苗水、喷助壮素

栽后当天定植水和缓苗水合并，滴一次缓苗水，水量要小，不可过多，与此同时，对幼苗喷1次助壮素1 000倍液，防止茎蔓徒长，3天后中耕1次，使根松软透气，以利根系发育。

2. 温度管理

定植后提高温度，闷棚升温28～30℃，促进缓苗，温度升高30℃时，适当通风。缓苗后，温室内的气温白天保持25～30℃，夜间不低于15～20℃，春季气温逐渐升高要加大通风量，采取降温措施，保持适宜温度，拱棚早春提前栽培时，昼夜温度稳定超过15℃，根据天气实际情况，考虑天气自然灾害情况的基础上，5月中旬可以揭棚。秋延后栽培时，外界温度逐渐降低，及时扣棚膜，白天温度达到30℃时，卷起棚膜进行通风。

3. 水肥管理

豇豆是喜肥水作物，但施肥过多，尤其是氮肥，易造成植株徒长。前期应防止茎叶徒长，后期防止早衰，保持土壤半干半湿。由于采用高架引蔓，前期应少施氮肥，盛花结荚期重施结荚肥。灌水采用少量多次的原则，防止出现烂根、掉叶、落花等现象。豇豆齐苗及抽蔓期一般追施尿素1~2次，每次5千克/亩；初花期，追施尿素5~10千克/亩，磷酸二氢钾2千克/亩；采收期，每隔4~5天追施尿素1~2千克/亩。

4. 引蔓上架

在日光温室内，南北方向拉铁丝，每行豇豆上方拉一道，铁丝上系引蔓线，每穴1~2根，上端系铁丝上，下端系豇豆根颈部，以便引豇豆蔓上架。

5. 植株调整

①主蔓第1花序以下萌生的侧芽一律掐掉，以保证主蔓健壮生长。

②第1花序以上萌生的侧枝留1~2片叶，摘心，以促进侧枝第1花序的形成。

③豇豆每一个花序上都有主花芽和副花芽，通常是自下而上主花芽发育、开花、结荚，在营养状况良好的状况下，每个花序的副花序再依次发育、开花、结荚。主蔓长至1.5米左右时，要摘除顶心，以促进各侧蔓上的花芽发育、开花、结荚。

三、病虫害防治

按照以农业防治、物理防治、生物防治为主，化学防治为辅的无害化治理原则。

1. 农业防治

实行轮作；深耕土地，开沟起垄栽培；合理施肥，不偏施氮肥；及时搭架，整枝，加强通风透光；病叶、病株及时清除，清洁田园，减少侵染源。

2. 物理防治

一是大型设施的防风口用防虫网封闭；二是运用黄板诱杀有翅蚜，每亩悬挂黄色粘虫板30~40块；三是银灰色地膜驱避蚜虫，方法是将银灰膜剪成10~15厘米宽带，间距1.5厘米左右悬挂。

3. 生物防治

一是积极保护利用捕食螨、七星瓢虫、草蛉等有益天敌防治蚜虫；二是利用藜芦碱、苦参碱、印楝素、齐墩螨素、新植霉素等植物源、生物源农药防治病虫害。

4. 药剂防治

（1）锈病　发育初期适用生物防治杀菌剂，每20天1次。

（2）叶斑病　发育初期用50%甲基托布津1 000倍液，7~10天1次。

（3）灰霉病　发病初期用50%农得灵可湿性粉剂1 000~1 500倍液，或50%扑海因可湿性粉剂1 000~1 300倍液喷雾防治，7~10天1次。

（4）根腐病　用多菌灵、敌克松、杀菌王等防治。

（5）豆荚螟　进入花期后，在7:00—9:00花瓣张开时，对准花朵，及时喷施50%杀螟松1 000倍液，每隔5天左右喷1次，同时拣干净田间的落花。也可以在傍晚时对准植株喷药。

（6）蚜虫　可喷施啶虫脒进行防治，喷至叶面叶背全湿，7天左右喷1次，连续喷施2~3次。

(7) 地下害虫　用生物防治杀虫剂，如金线虫克星适量灌根施用，防治地老虎、根结线虫等地下害虫。

第二节　拱棚辣椒栽培技术

一、拱棚辣椒栽培技术要点

拱棚设施反季辣椒生产，通常采用夏季育苗、秋季移栽，秋季育苗、秋末移栽，冬季育苗、冬末移栽三种方式种植。

春提早：11月下旬至1月下旬，3月下旬至4月上旬，5月上旬至7月下旬。

秋延后：4月下旬至5月中旬，7月上中旬至10月上旬。

秋冬茬：7月下旬至8月初育苗，9月上中旬定植，11月中下旬开始分期分批采收。

越冬茬和冬春茬：11月至翌年2月育苗。

二、定植田间管理

拱棚辣椒育苗移栽，夜温不低于15℃，棚内空气湿度保持70%~80%，中午见干，早晚见湿为宜，配合基本田间管理。

1. 施足基肥

基肥应以有机肥为主，配合适量的化肥。一般1亩施优质腐熟圈肥5 000千克，或高浓缩精制有机肥200千克，配合高浓度硫酸钾型复合肥50千克、磷酸二铵10~15千克、过磷酸钙25千克、尿素20~30千克、硼肥1千克。

2. 整地起垄

在施足基肥的基础上，适墒耕犁、耕深30厘米，并及时耙磨保墒、拾净残茬、残膜，达到“齐、平、松、碎、净、透”六字标准；整地后，根据温室实际情况按垄底宽70厘米、沟底宽40厘米、垄高20厘米，开沟起垄，并覆盖薄膜。

3. 适时定植

拱棚秋冬茬辣椒应在9月上中旬定植，苗龄45~50天，定植株距30~35厘米，行距以龙面宽而定，定植穴距垄边5厘米；采用打孔定植，一窝一株，大小苗分开栽植；按（50~60）厘米×（30~

35）厘米种植模式，每亩定植密度为3 500~4 100株。定植时，先浇水于穴中；待水渗下2/3时，将苗从营养钵中取出，舒展苗根，带土置于定植穴内，避免窝根，后覆土掩埋至根茎交界处。

三、定植后温、光、水肥管理

1. 温度、湿度、光照要求

（1）温度　定植后，缓苗期温室适当密闭，提高棚内气温与土壤温度（即缓苗期内2~3天，一般昼夜密闭不通风，以保温防寒为主），白天温度保持25~32℃，促进幼苗缓苗，当温度超过35℃时，微开口、通风调温；夜间，要求温度较高，保持15℃以上。缓苗后超过30℃或低于15℃时，对茎叶生长和花芽分化都不利；持续低于12℃时容易受害，低于5℃则易遭寒害而死亡；高于35℃因花器发育不全或柱头干枯，不能受精而落花，并停止生长；苗期对温度要求较高，不耐低温；定植后，随着植株的生长对温度适应能力增强，较适应低温；开花结果期，白天适温20~25℃，夜间为15~18℃，结果盛期适当降低夜温有利于结果。

幼苗生长期间，遇严冬季节、连阴天或重寒流天气，应保证室内最低气温不低于7~8℃，必要时采取临时保温、增温措施，抵御寒流。

（2）湿度　辣椒喜潮湿怕水涝。定植后及时浇定植水，2~3天后浇缓苗水；辣椒根系不发达，既不耐旱，也不耐涝。幼苗期植株需水不多，应保持地面见干见湿；土壤湿度过大，根系发育不良，造成徒长纤弱；初花期需水量，随植株生长量增大而增加，但湿度过大会造成落花；生长期间，适宜土壤湿度为65%~70%；结果期需要小水勤浇，使土壤经常保持通气良好、水分适宜和60%~70%空气湿度；土壤过湿、温室湿度过大，加重病害；空气过于干燥，对授粉、受精、坐果不利。

辣椒果实膨大期大水漫灌是造成辣椒大面积死亡的主要原因，要轻浇水、勤浇水，水量不宜过大、以浇半沟水为宜，严禁大水漫灌越过垄面，若有积水现象应立即排水。

（3）光照　辣椒是中日照作物，既喜光又怕暴晒，对于光照的适应性较广，也耐弱光，对光周期要求不严格。光照对辣椒影响与温度有关，较长时间在10~16℃时，长短日照均大量落花；在适宜的温度及良好的营养条件下，辣椒都能顺利进行花芽分化；强光照易诱发辣椒病毒病和日灼病发生；光照长期偏弱、行间过于郁闭，易引起落花落果；种子发芽需要黑暗条件，但植株的生长需要良好的光照。

2. 追施苗肥

育苗期水肥管理应有针对性，前期地温低，辣椒根系弱，应大促小控，即：轻浇水、早施肥、勤中耕、小蹲苗；缓苗水轻浇，浇后及时中耕，增温保墒；适度蹲苗，促进迅速发根；蹲苗结束后，及时浇水施肥。在辣椒开花结果期要加强水分供应，开花后每隔 7~10 天浇一次水，每亩追施 10 千克尿素，以后每次采果后追施一次肥料，灌水要在晴天上午进行，灌水后加强放风，降低棚内空气湿度，有条件的尽量采用滴灌方式进行灌溉。开花坐果期还可用 0.2%~0.3%磷酸二氢钾进行叶面喷洒，以促进坐果。在缺硼的情况下，可根外追硼。

3. 植株调整

生长前期要及时摘除植株茎基部生长旺盛的侧枝，以减轻营养消耗；中后期摘除植株内侧过密的细弱枝和下部黄叶，改善植株中下部生长发育环境。在早春季节为了防止因温度过低引起落花，可用

20~30 毫克/毫升防落素喷花，具有一定保花保果作用。

四、保花保果

一是采取叶面喷施磷酸二氢钾 150~200 克+尿素 100 克/亩，补充营养、促进坐果；二是有条件时，采用蜜蜂授粉促进坐果，每亩放养蜜蜂 35~50 只，放蜂期间应避用杀虫剂；三是人工辅助授粉促进坐果，将当天 10:00 后新开花的用手指轻弹即可。人工辅助授粉要求在 13℃以上、35℃以下，过低或过高均不利于花粉形成和花粉管萌发，阴天、雨雪天效果差，需天晴后再次辅助授粉。

五、病虫防治

辣椒设施栽培常见的病害有病毒病、疫病、炭疽病、疮痂病等，主要虫害有蚜虫、茶黄螨和烟青虫等。

1. 炭疽病

采用 50%多菌灵可湿性粉剂 600 倍液，或 70%甲基托布津可湿性粉剂 800 倍液，或 80%炭疽福美可湿性粉剂 800 倍液进行喷雾防治。

2. 疮痂病

叶片染病，初现许多圆形或不整齐水渍状斑点，墨绿色至黄褐色，有时出现轮纹。病部有不整齐隆起凹陷，呈疮痂状，病斑常多个连接合成较大斑点，引起叶片脱落。茎枝染病，病斑呈不规则条斑或斑块，后木栓化，或纵裂为疮痂状。果实染病，出现枯黄圆形或长圆形病斑，稍隆起，墨绿色，后期木栓化。对于辣椒疮痂病可采用500万单位农用链霉素4 000倍液，或77%可杀得可湿性粉剂500倍液进行喷雾防治。

3. 日灼病

因高温强光所致。发病特点是小型果、中型果容易发生；发病时，先是果皮呈黑色、然后褐色腐烂，严重时白色干枯，后期会腐生霉菌。防治方法上应采取避光措施，避免高温天气下，强光长时间照射，如棚膜上拉遮阳网加以预防。

4. 脐腐病

属于缺钙、水分失调，引起的辣椒生理性病害。发病症状为果实顶端皱缩凹陷，生暗绿色水浸状斑点，湿度大时病斑转为黑色；果肉不变软，只有感染杂菌后才软化腐烂；心叶边缘黑褐色，植株萎缩。防治方法上可采取冲施滴灌施钙肥，或喷施钙肥，搭配好氮、磷、钾比例，防止土壤高温干旱，改良土质等措施加以预防。

5. 枯萎病、根腐、呕根等根部病害及腐霉病

可结合缓苗水，使用95%噁霉灵5 000倍液进行蘸根，防止枯萎病、根腐、呕根等根部病害及腐霉病。

6. 病毒病、青枯病

辣椒病毒病以预防为主。可选用病毒快克1 000~2 000倍液，或20%病毒灵500倍液喷雾防治；用敌枯双可湿性粉剂800~1 000倍液喷施防治青枯病。

7. 疫病

可用77.2%普力克水剂800倍液，或75%百菌清可湿性粉剂800倍液喷雾防治，每隔7~8天防治1次，连喷2~3次。

8. 蚜虫

应以农业防治、物理防治、生物防治为主，采取清除发生虫源黄板、灯光诱杀和利用天敌防治；化学防治，可选用10%吡虫啉，或2.5%溴氰菊酯乳油可湿性粉剂2 000~3 000倍液喷雾防治。

9. 地下害虫根基线虫

在蔬菜定植或缓苗后，每株使用500~1 000倍阿维菌素液200毫升灌根，可预防地下害虫和根结线虫。

第三节　拱棚茄子栽培技术

一、拱棚茄子栽培技术要点

茄子属茄科茄果类蔬菜，喜温、耐热、喜长日照和较高的光照强度；喜水又怕涝；对低温和高温反应敏感；拱棚茄子主要以秋延期栽培和春提早栽培为主。拱棚茄子茬口安排如下。

春提早：1月底至2月初播种育苗，4月中上旬定植，5月上旬开始采收。

秋延后：6 月中旬育苗，7 月中旬定植，9 月上旬至 11 月下旬拉秧。

二、定植田管理

1. 定植田施肥整地

（1）施肥整地　整地前，每亩施入完全腐熟的农家肥 5 000 千克左右，氮磷钾复合肥 50 千克，并配以硫酸钾 50 千克作基肥；施肥后，每亩施 50%多菌灵 1~2 千克洒在土壤，结合耕犁耙作业翻入土中，防止定植后病害，保证犁地深度 25 厘米、耙深 15 厘米，要求耙深耙透、不留死角，确保整地质量达到“齐、平、墒、碎、净、透”作业标准；随后，按垄底宽 70 厘米、沟底宽 40 厘米，垄距 50 厘米，垄高 20 厘米，打好垄沟。

（2）定植　晴天棚内温度保持在 25~30℃，夜间温度保持在 15~20℃。春季拱棚茄子 4 月中上旬定植，秋季拱棚茄子 7 月中旬定植。按（50~60）厘米×（40~45）厘米种植模式，每亩定植密度为 2 500~3 000 株。定植前，先按膜上行距 50 厘米、穴距 45 厘米、穴深 8~12 厘米，打好定植穴，再将苗从营养钵中取出、放入穴中，大小分开，定值深度不过子叶节，边放苗边浇定植水，待水自然剩下后，覆土封洞；每垄定植两行、穴内定植单株。

2. 浇缓苗水

定植后关闭风口，高温缓苗，2~3天后，浇1次缓苗水，水浇至沟深的2/3处，保持土壤湿润，避免干旱影响茄子生长，缓苗后通风炼苗防止徒长。

3. 蹲苗

浇缓苗水后，中耕，控制水，促根控上，蹲苗15~20天，门茄瞪眼时。若蹲苗期间见旱需水，可叶面喷施0.2%磷酸二氢钾溶液，或浇跑马水一次缓解。

4. 温度、光照、水肥管理

(1) 温度　茄子喜温怕寒，对温度要求比番茄高。适应温度为13~35℃，适宜温度为白天25~30℃，夜间15~20℃，地温18~25℃，白天长期处于22℃以下生长缓慢。夜间温度低于13℃生长缓慢，7℃以下易发生生育障碍，5℃以下易发生寒害，严冬季节遇连阴天或重寒流天气应保证室内最低气温不低于7℃，必要时临时生火加温渡过难关。

（2）光照　尽量多见光；及时清理棚膜，增加透光率。

（3）湿度　尽量减少浇水次数，保温基础上通风换气，降低温室内空气湿度。最佳空气湿度，缓苗期70%~80%，开花期60%~70%，结果期50%~60%。蹲苗后开始浇头水，以后视土壤和植株情况，10~15天少水勤浇一次，土壤含水量70%~80%为宜，最好用膜下滴灌方式。湿度过高，病害加重；尤其是土壤积水，易造成沤根死苗；茄子根系发达，较耐干旱。若土壤水分不足，植株生长缓慢，结果少，果面无光泽，品质差。

（4）施肥　茄子喜氮肥，以氮肥为主，结果盛期，需大量的氮肥和钾肥。每生产1 000千克果实，需氮肥3~4.3千克、五氧化二磷0.7~1千克，需氧化钾4~6千克；对钙肥、镁肥比较敏感，若土壤中缺镁，其叶脉周围变黄失绿；土壤缺钙，其叶片的网状叶脉变褐，出现铁锈症状。因此结合浇头水追施一次硫酸钾10千克+磷酸二铵20千克，或45%硫酸钾型复合肥30千克，以后隔一水追肥一次，茄子进入开花坐果期营养需求增大，由营养生长向着生殖生长转变，这个时期应该控制营养生长，控制氮肥施用，每亩硫酸钾型复合肥15千克，促进开花结果；生长期间特别是后期，可叶面喷洒 0.2% 的磷酸二氢钾溶液 2~3 次。

(5) 气体调控　注意通风换气，排除有害毒气，补充二氧化碳，提供光合作用，增加产量。

5. 整枝打叶

茄子生长前期要控制营养生长，促进其早开花、早结果。幼苗生长到 50 厘米高后，要将底层叶子陆续剪除，以改善田间通风透光效果；在形成门茄后，将两个向外的侧枝剪掉，只留向上的两个主干；等待第 7 个果实形成后进行摘心，以促进果实早日成熟。

三、病虫害防治

1. 虫害防治

茄子整个生育期间的主要虫害有红蜘蛛、蚜虫、白粉虱等。

(1) 红蜘蛛　选择 1.8%阿维菌素 3 000~3 500 倍液，或 73%炔螨特或 73%克螨特乳油 2 000~3 000 倍液替换喷雾使用，注意喷药时喷头朝上、将药液喷在叶背面、全株上下均匀着药。

（2）蚜虫　要做好田间残株败叶的及时处理，铲除杂草；药剂防治，可以使用50%抗蚜威2 000倍液，或敌杀死1 500倍液等进行防治，每隔7天替换10%吡虫啉1 500倍液喷，连喷2次。

2. 病害防治

茄子整个生育期间的主要病害有黄萎病、枯萎病、灰霉病等。

（1）茄子黄萎病　主要以土壤传播为主，在坐果期，就会有明显的症状，并从上向下全株发展；发病初期可以选择50%的甲基托布津可湿性粉剂500倍液进行灌根处理，每一株保持0.25千克药液使用量，每间隔7~10天进行1次喷射，连续灌根2~3次即可。

（2）茄子枯萎病　发病初期可以选择使用50%多菌灵可湿性粉剂，或36%甲基硫菌灵悬浮剂500倍液喷雾防治；也可用10%双效灵水剂，或12.5%增效多菌灵可溶剂200倍液灌根，每株灌兑好的药液100毫升，隔7~10天1次，连续灌3~4次。

（3）灰霉病　用50%速克灵1 000倍液叶面喷施防治。

（4）茄子早疫病　主要为害叶片。病斑圆形或近圆形，边缘褐色，中部灰白色，具同心轮纹，直径2~10毫米。湿度大时，病部长出微细的灰黑色霉状物。后期病斑中部脆裂，严重的病叶早期脱落(图10-1)。

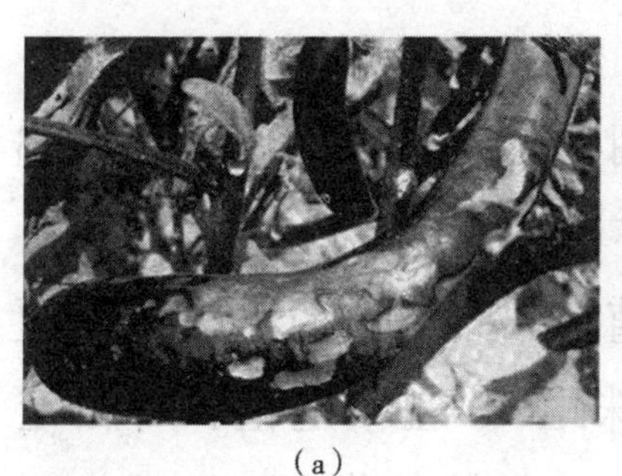
(a)

(b)

图10-1　茄子早疫病果实危害病状

第四节　拱棚早春茬番茄栽培技术要点

一、移栽定植

1. 定植前的准备

（1）整地施肥　耕翻深度25~30厘米，整细耙平，结合深翻每亩施优质腐熟有机肥5 000~6 000千克，硫酸钾50千克，磷酸二铵50千克，油渣100

千克。每亩施50%多菌灵1~2千克，90%敌百虫400~500克，混入土中。

(2) 起垄做畦　南北向起垄，垄高25~30厘米，垄宽70厘米，垄距50厘米，地膜覆垄露沟。

2. 定植技术

(1) 定植时间　拱棚早春番茄栽培，一般在3月初至3月中旬定植。

(2) 株行配置及定植密度　按垄上行距50厘米、垄间行距70厘米、株距40厘米定植，每亩定植密度2 777株（按每亩3 000株备苗）。

(3) 定植方法　选择晴天下午、避开高温烈日，集中人力一次栽完；定植时，采用垄上双行单株定植，大小苗分开栽，第一花序朝向操作行，定植不宜过深、根茎交接处略高于垄面、不露出根系。

二、定植后管理

1. 缓苗期管理

定植后即浇混有少许多菌灵和敌百虫的定植水，每株1千克左右，定植时关闭风口，高温缓苗；缓苗后即通风炼苗，以防徒长。

2. 缓苗后管理

缓苗后 3~5 天，浇缓苗水，水浇至沟深的 2/3 处为宜。

3. 蹲苗

浇灌缓苗水后墒情适宜时，中耕培土、促根控上，蹲苗 15~20 天至第一果核桃大小，期间有轻微旱象时，可叶面喷施 0.2%磷酸二氢钾溶液或浇跑马水一次缓解。

三、生长期管理

1. 环境调控

（1）温度调节　通过开闭通风口，保持棚内白天 25~30℃，夜间最低温度不低于 12℃，土壤温度不低于 15℃。

（2）光照调节　定期清理薄膜灰尘增加透光率；通过摘老叶、疏叶等植株调整措施改善整体光照。

（3）湿度调节　采取减少浇水次数、提高气温、延长放风时间等综合措施尽量降低温室内空气湿度，维持空气相对湿度 60%~70%；最好能采取膜下滴灌、膜下暗灌等节水灌溉方式降低棚内空气湿度。

（4）气体调控　通过通风换气，排出拱棚内有毒有害气体，补充室内二氧化碳，促进生长发育；也可采用增施二氧化碳颗粒气肥，或二氧化碳发生装置补充二氧化碳浓度，提高产量。

2. 水肥管理

（1）浇水　拱棚番茄掌握“头水晚，二水赶，三水四水紧相连”，一般在第一果核桃大小，第二序果蚕豆大小，第三序开花结束蹲苗，浇头水，以后视土壤和植株状况，10～15 天浇水 1 次，保持土壤湿度 70%～80%适宜。

（2）施肥　结合浇头水，每亩施硫酸钾 10 千克+磷酸二铵 20 千克或每亩施 45%硫酸钾型复合肥 30 千克，以后掌握“一清一浑”即隔一水追肥 1 次，每亩施硫酸钾 10 千克+尿素 5 千克或每亩施 45%硫酸钾型复合肥 15 千克，生长期间特别是后期，可叶面喷洒 0.2%磷酸二氢钾溶液 2～3 次。

3. 植株调整

（1）整枝打杈　拱棚番茄以单干整枝为主，双干整枝为辅，其他侧枝 3～5 厘米摘除，头水前基部侧枝适当延迟打杈，秋延迟和早春茬一般4~7穗果打顶。

（2）吊绳绑蔓　番茄为半蔓生性植物，当植株长到30~40厘米时就要人工辅助绑蔓，拱棚栽培番茄一般植株高大，常采用塑料绳或尼龙绳吊蔓，下端系在番茄植株基部，上端系在辅助铁丝上，与植株“S”形缠绕即可。

（3）疏叶　番茄生长中后期，叶片大而密，可以适当疏掉一部分，增加透光，方法是疏掉叶片后半部半边小叶。

（4）打老叶　番茄生长中后期，下部叶片老化、黄化、病残，要及时摘除，增强下部通风透光，减少养分消耗，阻挡病害蔓延。方法是果穗下面保留1~2片功能叶，其下部叶片全部摘除，带出棚外。

4. 花果调整

（1）保花保果　由于拱棚栽培番茄多为反季节，温度和光照条件不好，容易造成落花。因此，生产上多使用2,4-D植物生长调节剂、番茄灵等，进行点花或喷花、浸花来人工辅助坐果。方法：在花期每隔1~2天，于11:00—15:00用15~20毫克/千克浓度的2,4-D植物生长调节剂、番茄灵溶液，涂抹花柄或喷淋、浸润花穗。注意温度高时药液浓度适当降低，温度低时药液浓度适当增大，同一朵花不重复处理，以防畸形果，一次最好处理3朵花以上，以保果实均匀。

（2）疏花疏果　及时疏花疏果，去大去小、去病去残，保留一般大小的3~4个即可，提高果实商品率。

四、病虫害防治

1. 生理性病害

（1）畸形果

①病因。幼苗期1、2、3花序形成时遇低温，水分充足，氮肥过多，致花芽过度分化，形成多心室畸形果，果实呈桃形，瘤形或指形等；苗龄过长，低温或干旱持续的时间长，则易形成裂果、疤果等。

②防治。选择畸形果率低的品种；作好光温调控，培育抗逆力强的壮苗；加强肥水管理，防止植株徒长；合理使用生长调节剂。

（2）空洞果

①病因。生长调节剂使用浓度过大；光照不足；日温超过35℃，且持续时间长；四穗果以上的

果实或同一穗果中迟开花的果实，营养供不应求时，易形成空洞果；结果后期肥水不足。

②防治。选用心室多的品种；作好光温调控，避免长时间10℃以下或35℃以上的温度；合理使用生长调节剂；加强肥水管理。

（3）脐腐病

①病因。生育期水分供应不均或不稳定，尤其在干旱时水分供应失常；土壤中氮肥过多，钙和硼素不足。

②防治。选用抗病品种；地膜覆盖栽培；适量及时灌水；采用配方施肥技术，增施尿素钙或者硝酸钙；使用遮阳网覆盖；用0.2%脐腐灵等药。

（4）裂果和日灼

①病因。水分供应不均匀，高温、烈日、干旱下易裂果。

②防治。选抗裂、枝叶繁茂的品种；加强通风，阳光过强时可用遮阳网；及时灌水；控好土壤水分，结果期不宜过干过湿；及时整枝打杈；使用“喷施宝”等。

（5）生理性卷叶病

①病因。气温高，田间缺水。

②防治。定植后进行抗旱锻炼；采用配方施肥

技术；采用遮阳网；及时整枝打杈；及时防治蚜虫。

2. 病理性病害

（1）早疫病　可喷58%甲霜灵锰锌可湿性粉剂500倍液，或70%甲基托布津可湿性粉剂800倍液，隔7天1次，连续3~5次。

（2）晚疫病　可选用80%大生可湿性粉剂600~800倍液进行喷雾，或用50%甲霜铜可湿性粉剂600倍液；12%绿乳铜600倍液灌根，隔5~7天1次，连喷4~5次或连灌根3次。施药避开高温时间段，最佳施药温度为20~30℃。

（3）叶霉病　发病初期可喷布50%敌菌灵可湿性粉剂500倍液，或40%百菌清可湿性粉剂500倍液，或50%多菌灵可湿性粉剂500倍液，或70%甲基托布津可湿性粉剂800倍液，每7天1次，连续用药2~3次。也可用40%百菌清烟剂每亩用300克熏烟。

（4）灰霉病　可选用50%速克灵可湿性粉剂1 500~2 000倍液，或50%扑海因可湿性粉剂1 000~1 500倍液，或70%甲基托布津800~1 000倍液等。隔7~10天喷1次，连续喷3~4次。避免病菌产生耐药性，建议各种药剂交替使用。

（5）病毒病　用90%杜邦万灵水溶性粉剂3 000倍液，或10%吡虫啉可湿性粉剂3 000倍液防蚜虫，并加1.5%植病灵乳剂800~1 200倍液，于苗期、定植前和开花初期共喷3次，每隔10~15天1次，有较好的防治效果。

（6）立枯病　用25%移栽灵水溶性粉剂2 000倍液灌根，或50%福美双可湿性粉剂800倍液喷雾，或阿米西达与适乐时两种药配成毒土撒施，效果较好。

（7）白粉病　40%多硫悬浮剂水溶性粉剂600倍液喷雾，或25%百里通600倍液喷雾，或40%杜邦福星800~1 000倍液喷雾，防治效果较好。

栽培上应从轮作倒茬，土壤、拱棚消毒，选用抗病品种，种子处理等环节着手，综合防治。